日本新建築
SHINKENCHIKU JAPAN 中文版 33
（日语版第 92 卷 6 号，2017 年 6 月号）

建筑细节与空间表现

日本株式会社新建筑社编　肖辉等译

主办单位：大连理工大学出版社
主　　编：范　悦（中）　四方裕（日）

编委会成员：
（按姓氏笔画排序）
中方编委：王　昀　吴耀东　陆　伟
　　　　　茅晓东　钱　强　黄居正
　　　　　魏立志
国际编委：吉田贤次（日）

出 版 人：金英伟
统　　筹：苗慧珠
责任编辑：邱　丰
封面设计：洪　烘
责任校对：寇思雨

印　　刷：深圳市福威智印刷有限公司
出版发行：大连理工大学出版社
地　　址：辽宁省大连市高新技术产
　　　　　业园区软件园路 80 号
邮　　编：116023
编辑部电话：86-411-84709075
编辑部传真：86-411-84709035
发行部电话：86-411-84708842
发行部传真：86-411-84701466
邮购部电话：86-411-84708943
网　　址：dutp.dlut.edu.cn

定　　价：人民币 98.00 元

CONTENTS

日本新建筑 中文版 33

目录

塞纳河音乐厅

设计　Shigeru Ban建筑事务所 + Jean de Gastines建筑事务所
施工　Bouygues Bâtiment Ile-de-France
所在地　法国 布洛涅-比扬古・赛金岛（巴黎郊外）
LA SEINE MUSICALE
architects: SHIGERU BAN ARCHITECTS EUROPE + JEAN DE GASTINES ARCHITECTES

设计　Shigeru Ban建筑事务所 + Jean de Gastines建筑事务所
施工　Bouygues Bâtiment Ile-de-France

西侧全景。塞纳河音乐厅整体外观呈球状，内设古典音乐厅（1150个座位）、多功能礼堂（内外共有4000个座位），除此之外还有音乐学校、租借区、排练厅、录音厅等，是一座集多功能于一体的复合音乐设施。建筑用地位于赛金岛上，该岛面积有115 000 m²，地处塞纳河曲环"布洛涅−比扬古市（与巴黎西部接壤）"流域。赛金岛也是雷诺工厂的旧址，该工厂已于1992年倒闭。多年来虽进行过多次再开发规划，但均未实施

东侧屋顶庭园看向古典音乐厅顶棚视角。顶棚周围装有形状如船帆一般的太阳能电池板，该电池板能够随着太阳的位置变化而转动，从而高效地吸收阳光，也可以为后面的大厅遮光。球体为云杉木集成材质的木框架结构

屋顶庭园看向古典音乐厅视角

东侧正门视角。广场的大屏幕展示剧院内的演奏场景。大阶梯
连接着屋顶庭园

左2图为水平折叠门

右3图为贯穿设施内部的室内通道入口处玻璃卷帘门

通向中庭的自动扶梯以及太阳能电池板的支撑斜柱所在的中央大厅

左右2图：拥有4000个座位的多功能礼堂。1层的可移动座席可以满足多种观看需求（左图照片＊）

室内通道经由多功能礼堂大厅"壮丽的塞纳河"。里侧尽头为赛金岛西侧的雕塑广场

球体木结构框架内部中庭。楼梯间的马赛克瓷砖会因为视线角度及光照不同从类似吉丁虫（镶有金绿色前翅的甲虫）的绿色向红色变化

球体内部的古典音乐大厅"音乐堂"。。中庭使用六角形木框架套住多种不同直径的纸管，打造波浪起伏的表面。壁面覆有多种不同花纹的音响波形板

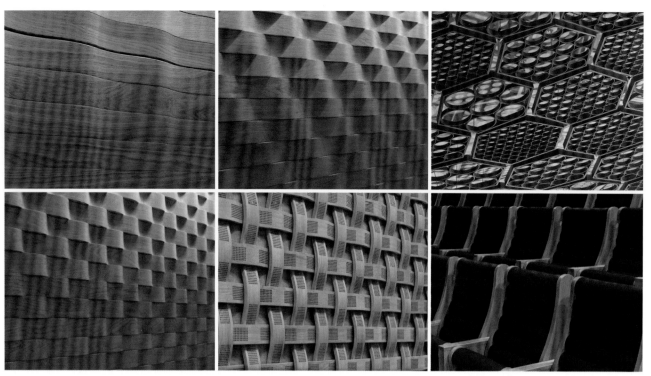

左、中4图：音响波形板。将水平起伏的波浪形胶合板条按照规定的音响条件组合成不同外形

上图：不同直径的纸管圈组合而成的顶棚
下图：纸管设计成的座席

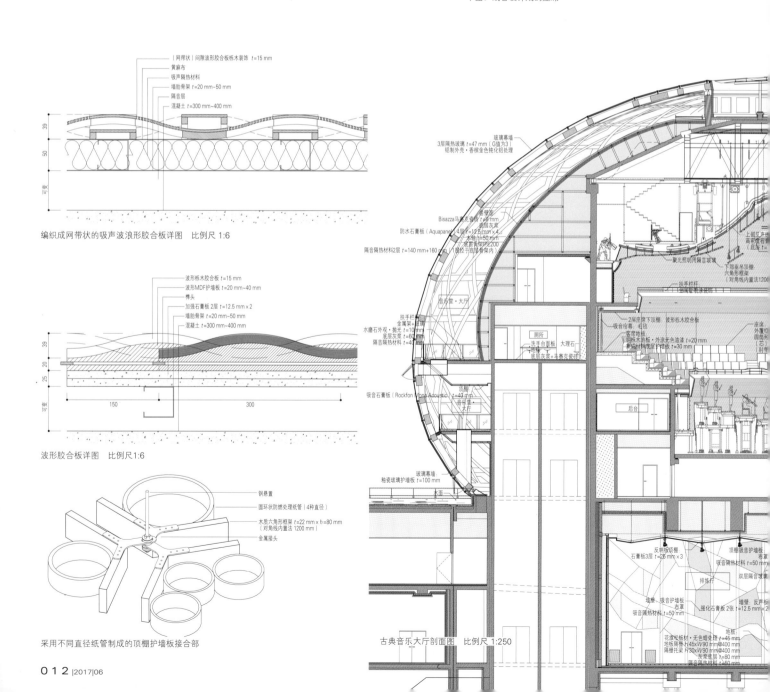

编织成网带状的吸声波浪形胶合板详图　比例尺 1:6

〔网带状〕间隙波形胶合板椭木装饰 t=15 mm
黄麻布
吸声隔热材料
墙胎骨架 t=20 mm~50 mm
隔音层
混凝土 t=300 mm~400 mm

波形胶合板详图　比例尺 1:6

波形椭木胶合板 t=15 mm
波形MDF护墙板 t=20 mm~40 mm
榫头
加强石膏板 2层 t=12.5 mm×2
墙胎骨架 t=20 mm~50 mm
混凝土 t=300 mm~400 mm

采用不同直径纸管制成的顶棚护墙板接合部

钢悬置
圆环状防燃处理纸管〔4种直径〕
木质六角形框架 t=22 mm×h=80 mm〔对角线内置法 1200 mm〕
金属接头

古典音乐大厅剖面图　比例尺 1:250

古典音乐厅外部休息区。木框架结构和马赛克瓷砖形成的挑空空间

施工中的木框架结构

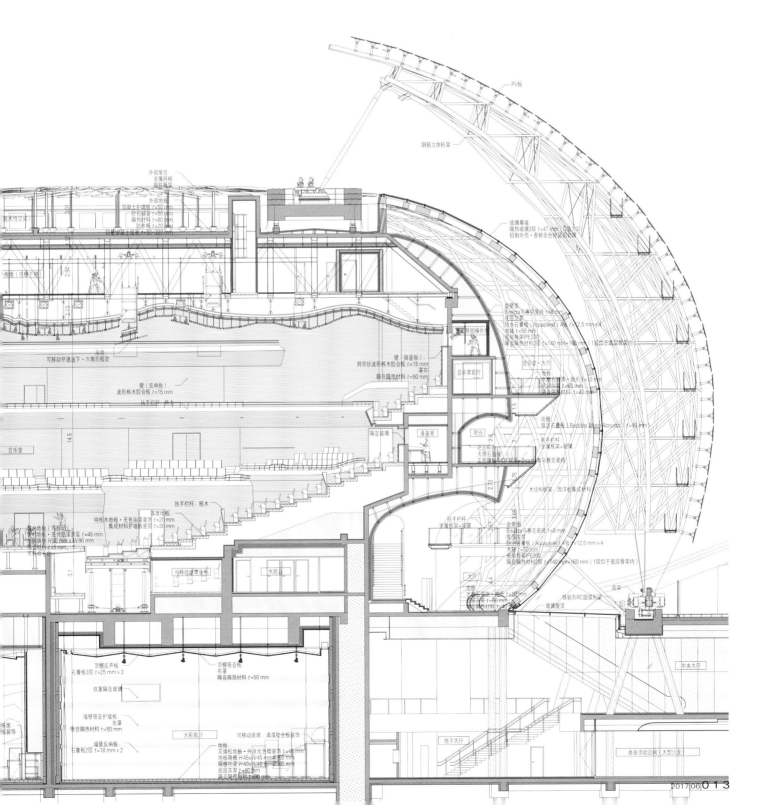

PV板

钢筋立体桁架

外部屋顶
金属网格
隔热幕顶
混凝土保护墙板 t=50 mm
砂石铺装 t=50 mm
隔热材料 t=80 mm
防水板 t=20 mm
外部地板

玻璃幕墙
隔热玻璃3层 t=47 mm（S3.2.3）
铝制外壳·香槟金色铝状格栅

技术性空间

顶技（顶棚下弦）

曲壁顶
Bisazza马赛克瓷砖 t=8 mm
底层灰浆
防水青板（Aquapanel）4层 t=12.5 mm×4
定型角架IPE200
隔音隔热材料2层 t=140 mm~160 mm｜1层位于手座层骨架内

可移动护炉通道下·六角形框架

壁（隔音板）
网带伏泥形桦木胶合板 t=15 mm
幕布
隔音隔热材料 t=50 mm

照明操作

音乐堂前厅

合中拿·大厅

顶技
吸顶石膏板（Rockfon Mono Acoustic）t=40 mm

壁（反响板）
波形桦木胶合板 t=15 mm
扶手栏杆·桦木

顶棚
吸音石膏板 t=40 mm

隔音玻璃

准备室

吧台
顶棚
金属框架+玻璃

音乐堂

贵宾台面板
大理石面板
正面面层MDF板·Bisazza马赛克瓷砖

木结构框架·西洋松集成材料

名席地板
绝棉木地板·无色油装饰 t=20 mm
集成材料护墙板底层 t=30 mm

扶手栏杆·桦木

扶手栏杆
金属框架+玻璃

曲壁顶
Bisazza马赛克瓷砖 t=8 mm
底层灰浆
防水青板（Aquapanel）4层 t=12.5 mm×4
木板 t=50 mm
定型角架IPE200
隔音隔热材料2层 t=140 mm~160 mm｜1层位于底层骨架内

大厅

地板
水热性地板·合板 t=30 mm
隔热材料 t=60 mm
玻璃屋顶

钢轨形RC圆弧形梁

中央大厅

顶棚反声板
石膏板3层 t=25 mm×3

布罩
隔音隔热材料 t=50 mm

双重隔音玻璃

墙壁隔音护墙板
布罩
隔音隔热材料 t=50 mm

墙地板
花旗松地板·外涂无色蜡装饰 t=45 mm
地板格栅 H45×W45 mm×300 mm
隔热材料 H40×W40 mm×300 mm
底层灰浆 t=80 mm

地下厅

观席
板装饰

大彩排厅

可移动座椅·清漆胶合板装饰

商务活动空间（大型沙龙）

墙壁
石膏板2层 t=18 mm×2

场地东侧的雕塑广场。雕塑将于后期放入

左上：主要入口处大阶梯/右上：地下商务活动区大厅
左下：小排练厅/右下：大排练厅

设计：建筑：SHIGERU BAN ARCHITECTS EUROPE
　　　　　　　+ JEAN DE GASTINES ARCHITECTES
　　　结构：SETEC TRAVAUX PUBLICS ET INDUSTRIELS（主体结构）
　　　　　　　SBLUMER ZT GmbH（木结构）
施工：Bouygues Bâtiment Ile-de-France
用地面积：23 000 m²
建筑面积：16 000 m²
使用面积：36 500 m²
层数：地下1层　地上9层
结构：钢筋混凝土及钢架结构　部分木结构
工期：2014年3月—2017年1月
摄影：Didier Boy de la Tour（特别标注除外）
　　　*SHIGERU BAN ARCHITECTS EUROPE
（项目说明详见第156页）

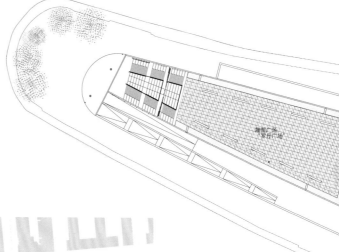

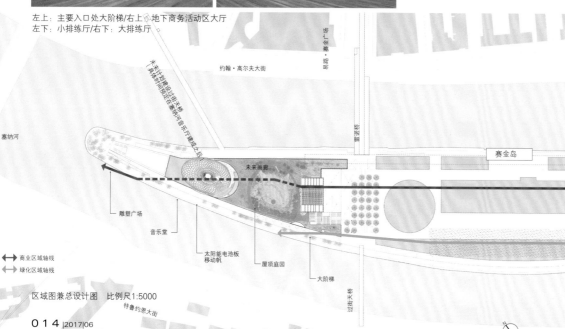

商业区域轴线
绿化区域轴线

区域图兼总设计图　比例尺1:5000

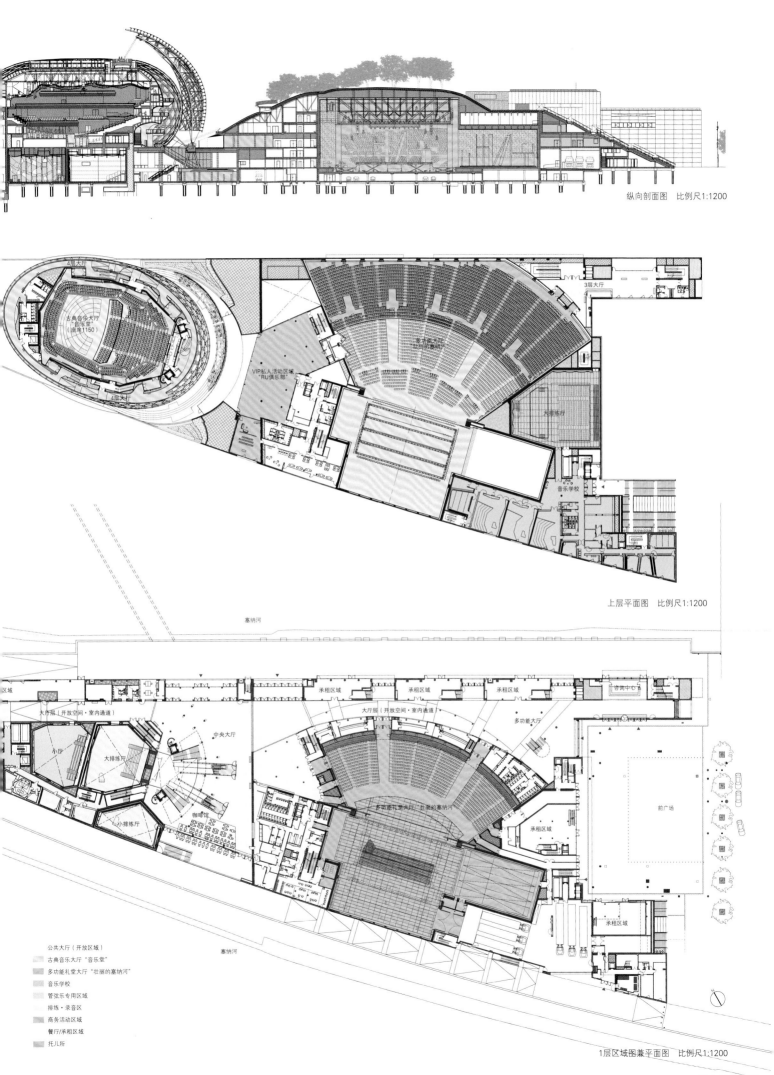

纵向剖面图　比例尺1:1200

4层大厅

古典音乐大厅
"音乐堂"
（座位1150）

2层大厅

3层大厅

VIP私人活动区域
"RU俱乐部"

大排练厅

音乐学校

上层平面图　比例尺1:1200

塞纳河

区域

大厅层（开放空间·室内通道）

中央大厅

大厅层（开放空间·室内通道）

多功能大厅

咨询中心

小厅

大排练厅

咖啡馆

多功能礼堂大厅"壮丽的塞纳河"

承租区域

前广场

小排练厅

塞纳河

承租区域

公共大厅（开放区域）
古典音乐大厅"音乐堂"
多功能礼堂大厅"壮丽的塞纳河"
音乐学校
管弦乐专用区域
排练·录音区
商务活动区域
餐厅/承租区域
托儿所

1层区域图兼平面图　比例尺1:1200

法国·第2战

坂茂（建筑师）

背后故事

建筑所在的赛金岛位于塞纳河曲环"布洛涅–比扬古市（与巴黎西部接壤）"流域，是一个总面积有115 000 m²的沙洲。20世纪，该岛作为法国工业的代表——雷诺汽车的工厂闻名于世，该工厂已于1992年倒闭。小岛的再开发规划被再三推迟，终于在1999年比诺财团举行的现代美术馆建筑设计竞赛中，因安藤忠雄作品的胜出再度开始建设。风云再起，由于比诺氏与政府的关系破裂，计划于2005年终止，比诺财团的艺术收藏被转移到意大利，在安藤氏的协助之下，比诺财团现代美术馆落

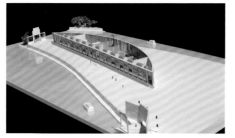

2007年建于赛金岛西端的现代美术馆*

户于威尼斯。

自比诺财团的计划终止之日起直到再开发计划真正开始实施，在此期间，我曾受2005年参观纽约游牧美术馆的布洛涅–比扬古相关人士的委托，计划于2007年在当前位置（赛金岛西端）建设一个使用船舶集装箱和纸管建成的现代美术馆（参见照片），该计划现已中止。

PFI（城市基础设施建设）竞赛

直到2010年，塞纳省（包含布洛涅·比扬古市在内的更高一级区域行政单位）以1欧元的价格买下岛屿，并将岛的总设计委托给 Jean Novelle。因此，2012年，针对岛屿西端占地约36 000 m²的场地举行了一场复合音乐设施的建筑设计比赛。

如此大规模的建设项目若是由大型建筑公司指定设计者（协助方），最多可以选定5家超大型建筑公司。如果再加上合资企业则只有几家公司有资质参加，算不上一场公平的竞技，这早已众所周知。在法国，为了杜绝这种不公平的比赛，规定参赛的大型建筑公司要连同两家设计事务所共同参赛。并且，比赛筛选时参照的标准也并非像日本一样大而空泛的条目，而是纯粹以"设计能力"较高下。比赛的评定参考大量的平面图、立体建筑透视图及模型制作，初选出3个小组，然后再进行具体的设计，制作意象录像。历时1年半，最终选定了我们这一组。

与建筑公司的战役

在比赛中获胜虽不易，但最艰辛的还数建设过程。虽说在法国·第1战中，我们有"蓬皮杜中心新馆"项目经验，但是由于这次是PFI（城市基础设施建设），我们的雇主是大型建筑公司（法国最大的建筑公司），所以已经做好应对更严格要求的准备。法国的建筑公司与日本的截然不同，他们时不时更改设计，以求最大限度地降低施工费、节省人力物力。因此，我们无法采用以往海外项目的惯用模式。自经手"蓬皮杜中心新馆"项目以来，我们的工程都是由自己的巴黎事务所承包，我也必须隔周就到巴黎一次，与建筑公司协调意见。他们的决策有许多问题。首先，总是到最后才指定分包商，不画施工图。这样就会带来许多麻烦，比方说根本无法讨论建筑框架与门窗的嵌合、设备机器的取舍等。还有，说是分包商找不到合适的玻璃卷帘门、水平折叠门等特殊装置，就让换成普通的开口窗。一旦出现问题就接二连三地更改计划。之前设计好的在音乐厅顶棚上装饰不同直径的圆形纸管，我们提议对防燃纸管进行耐火测试，而施工方一直拖到了最后，在工程眼看要结束时还没有进行。终于做了耐火测试之后告诉我们："样品没通过耐火测试，改掉这种装饰吧。"我们私下做过测试，所以对结果产生了怀疑。因此，要求在我们工作人员在场的情况下，再度对添加防燃性能的样品进行测试，但遭到了拒绝。于是我们让己方工作人员悄悄

塞纳河北侧对岸全景图

潜入测试现场查看，结果证实，燃烧起来的不是纸管，是捆束纸管的木质框架，而木质框架并没有进行防燃处理。至此，我们发现他们在对我们说谎，这在日本根本是无法想象的。经过几番周折，还是完成了建筑。虽说过程中有过各种妥协，但重要的设计概念已经一一实现。

基于环境技术，打造标志性建筑

建筑用地位于全长约330 m，头部渐窄的岛尖上，其长宽可容纳放倒的埃菲尔铁塔。计划在这里建设用地面积约为36 500 m²的复合音乐设施（拥有4000座席的多功能礼堂、1150座席的古典音乐厅、音乐学校、商店等）。委托方（塞纳省）在设计竞赛时就要求，由于场地通往巴黎的西大门，所以在外形上要有很强的标志性。由于我平时做设计时没有考虑过建筑的标志性，所以在这里将古典音乐厅作为整体建筑的"宝石"进行特别设计。古典音乐厅包含1150个座席，整体呈鸡蛋形，表面为吉丁虫色，覆盖有马赛克瓷砖。周边的大厅被木框架玻璃窗包围。设计的前提条件是要有3000 m²的太阳能电池板，并且不是将其简单地放置在屋顶上，而是在覆盖玻璃外壳的音乐厅外部设计一个类似船帆的三角形太阳能电池板，以接收阳光。可以随着太阳方向移动，实现有效发电，同时还具有遮光作用。

音乐厅内部装修在控制成本的同时实现不同的吸音、回音效果，将弯曲成同一形状的波浪形胶合板元素以错开、集中、编织等不同方式营造不同的效果。

Jean·Novelle的总规划

在整体设计上需要注意的是承袭Jean·Novelle的总规划思路。从外观上，要求有原雷诺汽车工厂的容积，以大容量清水混凝土建筑为基础，而在这次设计中作为"宝石"的音乐厅已经超越原有期望。横贯整个岛屿的商业通道穿过音乐厅，在没有音乐会时打开玻璃卷帘门和水平折叠门，就可以打造一个公共通道以供行人穿行。沿着通道有商店、售票处、西餐厅及并列的两个休息室大厅，还有窗户可以看到两个排练厅。通道最终通向岛的最前端——雕塑广场。

另一条位于总规划路线上的绿化带轴也延长至我们的建筑，从外部大阶梯顺势而上可以到达多功能大厅的屋顶庭园。

对外开放的公共建筑

并非是委托方的要求，而是我对公共建筑，特别是美术馆、音乐中心等功能性封闭式建筑的设计理念——对外开放，将只有美术爱好者、音乐爱好者使用的设施对街道行人开放，吸引平时不来的客人也前来观赏。这次的内部空间通道及屋顶庭园都采用这种设计方式。此外，正面广场的入口处有

欧洲最大的LED显示屏（45 m×18 m），可以免费欣赏两个厅举办的音乐会。最后，"对外开放的公共建筑"还有另一层含义，如上所述，基于法国大型建筑公司的体制，这里既是世界上艰难的建设实施地，也可以说是世界上开放的公共建筑设计地。无论是日本还是美国都不可能让毫无美术馆、音乐中心设计经验的外国建筑师来设计像"蓬皮杜中心新馆"或是眼前这个复合音乐设施这样的项目。在这里，我感觉到自己被当成一个真正的建筑师来对待，心中不胜感激。

（翻译：吕方玉）

眺望远方埃菲尔铁塔视角

惠比寿SA大厦

设计　小岛一浩+赤松佳珠子/CAt
施工　藤木工程事务所
所在地　东京都涩谷区
EBISU SA BUILDING
architects: KAZUHIRO KOJIMA + KAZUKO AKAMATSU / CAt

大厦位于惠比寿公园与驹泽大街之间，是一栋集教会、住宅、外租办公楼于一身的综合性建筑。由于建筑北侧的惠比寿公园地处日本中高层居住专用地区，为符合日影规制（考虑邻地的日影，限制中高层建筑物的高度等的规制）的要求，将大厦设计成2层~4层向内缩进，5层以上向外延伸的构造。

2层教堂露台与公园相接。在距离露台约12.5 m高的地方是使用天然热处理木材装饰的屋檐，最长处向外延伸达11 m。2层~3层是礼堂，4层是士官（牧师）的住处。5层以上均为外租办公楼

骑泽大街南侧外观。从驹泽大街望去，透过教会的多功能大厅可以看到北侧的公园。外部使用热镀锌磷酸处理的铁板。1层的多功能大厅连接着大街的人行道和建筑内部房间

驹泽大街一带南侧外观。建筑表层的H形钢框架上装饰有绿色植被，形态自由灵活，不拘一格。由于四周天空率（用于表示建筑物密集程度）较低，因此将受日影规制影响而削减的下层建筑容积上移，所以该建筑比其他建筑高出一层

引领城市格局，改变街道风貌

惠比寿SA大厦位于车水马龙的驹泽大街与童声四溢的惠比寿公园之间，是一栋集教会、住宅、外租办公楼于一体的综合性建筑，共计10层。外租式大厦开始在驹泽大街诞生，发展势头迅猛，锐不可当。而这座惠比寿SA大厦正是其中的领头建筑。它的使命就是引领今后的建筑风向。

惠比寿公园与驹泽大街相隔一条马路。虽然二者距离很近，但分属于不同的功能地域。将大厦的外形设计得如此与众不同，就是为了使其能够达到日影规制的各项指标。室外休闲空间和外租区域的露台与公园连为一体，巧妙地利用公园扩大建筑的视觉范围。

从驹泽大街看，街区被高楼大厦环绕形成一条封闭的大街。通过SA大厦的多功能大厅，将易被忽视的绿色风景展现在众人眼前。这片绿色既可以柔和南侧的日照，也可以保持与大街的间距，实现"遮阳板"的效果。通过两侧的绿色环境实现内部的良好通风，这对于身处单调闭塞的办公区域的人来说十分重要，我们自己也深有体会（CAt办公室位于该建筑5层）。

（赤松佳珠子+小野加爱/CAt）

（翻译：吕方玉）

1层平面图　比例尺1:300

2层平面图

设计：建筑：小岛一浩+赤松佳珠子/CAt
　　　结构：Oku构造设计
施工：藤木工程事务所
用地面积：295.74 m²
建筑面积：256.52 m²
使用面积：1950.90 m²
层数：地上10层
结构：钢筋结构
工期：2015年11月—2017年2月
摄影：日本新建筑社摄影部
（项目说明详见第158页）

2层礼堂看向公园。交会处的立柱和横梁宛如十字架一般。
顶棚高6.35 m。北侧设有开口部位，可以确保充足的光线

礼堂祭坛上部设有天窗，可以照入自然光。地板、墙壁均为
白桦材质。顶棚使用美洲铁杉天窗

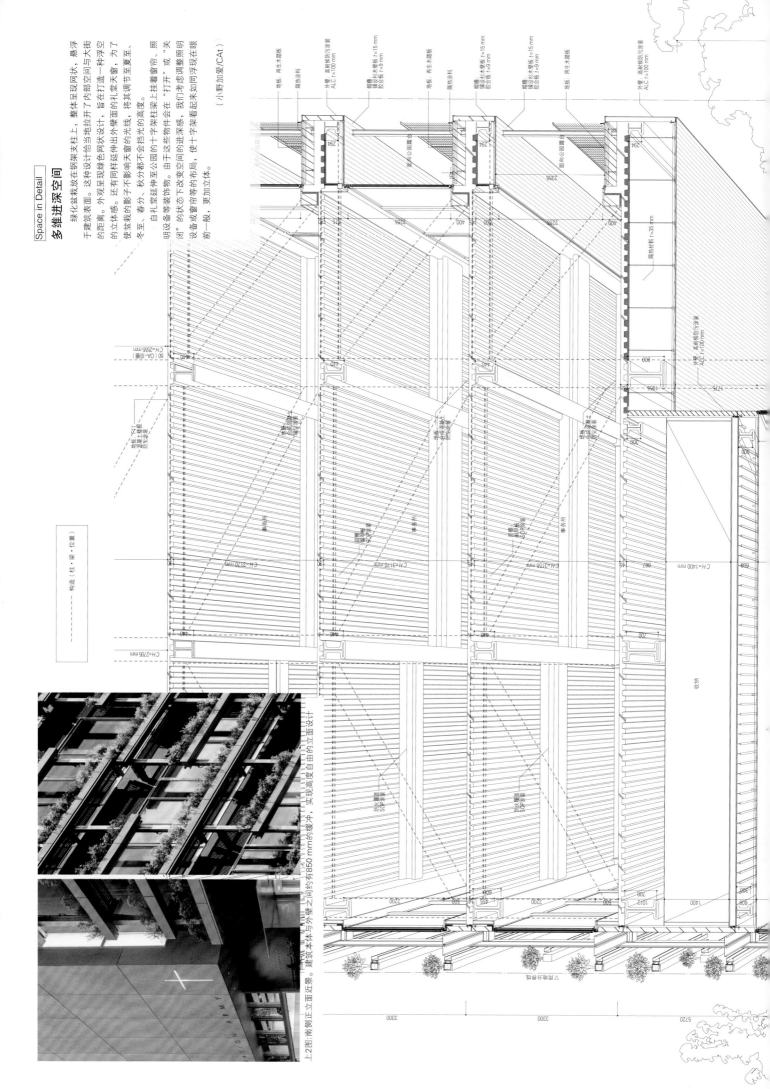

多维进深空间

绿化盆栽放在钢架支柱上，整体呈现网状，悬浮于建筑表面。这种设计恰当地拉开了内部空间与大街的距离。外观呈现绿色网状设计，旨在打造一种浮空的立体感。还有同样延伸出外壁面的光线，为了使盆栽的影子不会影响窗面，照进礼堂面的光线，将其调节至夏至、冬至。春分、秋分都不会挡光的高度。

自礼堂延伸至十字架柱梁上挂着窗帘，照明设备装饰物。由于这些物件会在十字架柱梁上"打开"或"关闭"的状态下改变空间的进深感，我们考虑调整照明设备或窗帘等的布局，使十字架看起来如同浮现在眼前一般，更加立体。

（小野加爱/CAt）

------ 构造 | 柱·梁·位置)

上图：南侧正立面近景。建筑本体与外壁之间约有850 mm的缓冲，实现高度自由的立面设计

南北剖面图　比例尺1:80

10层外租办公区域内部看向北侧露台。屋面板使用厚度130 mm的钢坯铺设而成。露台突起部分高约400 mm，可用作长椅。露台进深3800 mm

南北方向均设有开口部的外租办公区视角。西侧壁面采用柱梁和斜材装饰。折叠门设计使得阳台能够完全开放，室内人员也可至靠近公园的一侧活动

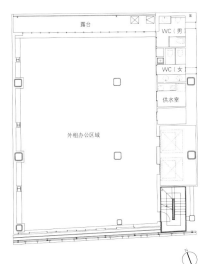

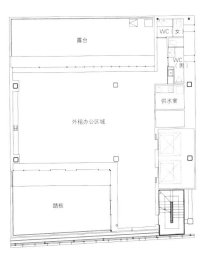

5层~9层平面图　比例尺1:300　　　　　10层平面图

广域区域图　比例尺1:6000

以钢架结构为主体框架

日照低时落于建筑北侧的阴影范围将会扩大，为了减小这一幅度，改变建筑低层部分的形状。日照高时阴影的影响会随之减小，因而无需对建筑形状做出改变。最终，将建筑上层部分设计成矩形平面，下层部分以五边形的形式呈现，即将矩形切掉一个角的形状。中部向内进深部分则由于上下间隔很大，下层部分的形状看上去略有不稳。

平面设计时以进深方向的动线为主体，由于横断式骨架有诸多限制。经多番考虑，认为应该以钢架结构为主体。只不过，若将长边两侧的外壁作为桁架（将所有材料用栓连接起来，呈现三角形骨架），则需要负担上部悬空部分的力以及弯矩（作用于垂直横截面上的应力的力矩）和地震时产生的水平力。柱脚部产生的牵引力则由现场打桩的抵抗力来平衡。五边形的突出部采用细长坚固的骨架，这样一来，能够吸收平面的摆振（特指偏离标准及偏离的数值、角度等）。另外，这种框架结构采用的都是一端固定，另一端呈自由状态的自由梁。

（新谷真人/Oku构造设计）

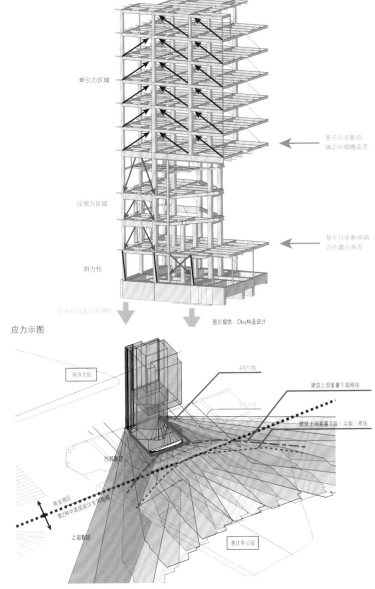

应力示图

通过北侧日影模拟实验，设计成当下外观

上：1层玄关视角。左侧楼梯可通向礼堂。右侧为镀锌外观的电梯间，深处为通向北侧的玄关大厅 / 下：惠比寿公园看向教会的多功能大厅、礼堂露台。1层可直接通往驹泽大街

南方熊楠纪念馆新馆

设计　小嶋一浩＋赤松佳珠子／CAt
施工　东宝建设　DAIICHITECH
所在地　和歌山县西牟娄郡
MINAKATA KUMAGUSU MUSEUM
architects: KAZUHIRO KOJIMA + KAZUKO AKAMATSU／CAt

散步大道路口的视视角。本建筑用地位于番原川公园，该公园位于吉野熊野国家公园内，距和歌山县的海滩温泉较近。南方熊楠纪念馆坐落于海角之顶，太平洋与纪伊水道风光可尽收眼底。2015年为纪念馆开馆50周年，2016年为熊楠先生逝世75周年，2017年为其150周年诞辰。本次新馆建设与旧馆抗震改建工程便是基于此启动的

西侧航拍。白浜半岛临近太平洋，因番所山公园而对外开放。西侧为番所鼻灯塔，南侧
为日本著名景点之一的圆月岛（高鸠），纪念馆位于东北侧的森林之中

与大自然融为一体的建筑

南方熊楠学识渊博，做事雷厉风行，极富个人魅力，其思想至今依然受人追捧。其事迹中最有名的是他致力于倡导"环保"这一理念，还不遗余力为反神社合祀活动而奔走。此外，他通过吸收佛教的"相即相入"的思想，构建了自己的环保思想。即人与自然是相互影响、相互交融、不可分离的关系。熊楠先生竭力保护神社，便是建筑与自然相互融合、人与自然"相即相入"的最好体现。

登上番所山，走进葱葱郁郁的森林，映入眼帘的是昭和天皇为纪念、歌咏熊楠先生而立的石碑，像是在迎接来馆的游客。本次建筑用地仅限于该石碑与旧馆之间面积约400 m²（40 m×10 m）的空地。保留延伸至旧馆的施工车辆动线的同时又需要确保用地面积符合规范，因此，我们计划将1层建为半室内底层架空空间，既可保留原有车辆动线，又能将丰富多彩的自然美景纳入建筑内部。

2层既要保证结构上不变形（不设挑檐，不设桩），又要确保地板面积符合规范。我们的方案是建造绿色外廊，通过灵活的平面式设计最大限度利用用地。并在此结构之上建造与之连贯一体的圆筒状的楼梯井。位于森林之中的底层架空空间较阴暗，楼梯井设计有利于透入柔和的自然光线。既充分尊重了树木、地形等周围环境，建筑用地也得以物尽其用。

最大限度限制树木采伐，与自然融为一体的曲面设计可使棱角分明的建物变得柔和。

（高桥好和；梶亚直贵/CAt）

（翻译：林星）

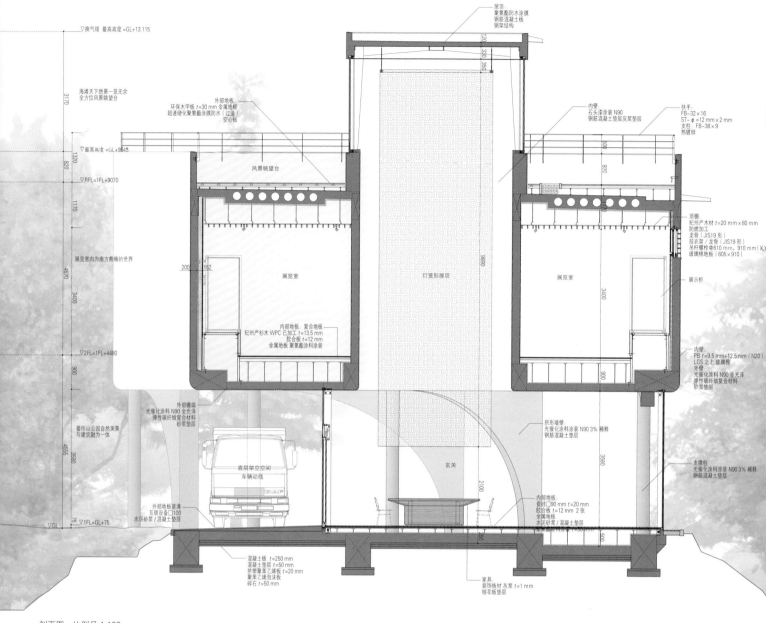

▽换气塔 最高高度 =GL+13.115

屋顶:
聚氨酯防水涂膜
钢筋混凝土板
钢架结构

海滩天下绝景一览无余
全方位风景眺望台

3170

外部地板:
环保木甲板 t=30 mm 金属地板
超速硬化聚氨酯涂膜防水(过道)
空心板

内壁:
石头涂装装 N90
钢筋混凝土垫层灰浆垫层

扶手:
FB-32×16
ST-ϕ=12 mm×2 mm
支柱:FB-38×9
热镀锌

▽最高高度 =GL+9848

820
1320

风景眺望台

▽RFL=1FL+9070

1170

200 | 152

展览室

灯笼形屋顶

展览室

展览室内为南方熊楠的世界

4570
3400

内部地板:复合地板
纪州产杉木 WPC 已加工 t=13.5 mm
胶合板 t=12 mm
金属地板 聚氨酯涂料涂装

顶棚:
纪州产木材 t=20 mm×80 mm
防燃加工
龙骨(JIS19 形)
挂衣架/龙骨(JIS19 形)
吊杆螺栓@610 mm, 910 mm(X,Y)
玻璃棉地板(605×910)

展示柜

9680

3400

▽2FL=1FL+4480
900

内壁:
PB t=9.5 mm+12.5 mm(N20)
LGS 之上 玻璃棉
外壁:
光催化涂料 N90 全光泽
弹性碳纤维复合材料
砂浆垫层

外部檐端
光催化涂料 N90 全光泽
弹性碳纤维复合材料
砂浆垫层

拱形墙壁:
光催化涂料 N90 3% 稀释
钢筋混凝土垫层

900

支撑柱:
光催化涂料涂装 N90 3% 稀释
钢筋混凝土垫层

番所山公园自然美景
与建筑融为一体

4555
3580

底层架空空间
车辆动线

玄关

2100

3680

内部地板:
瓷砖□90 mm t=20 mm
胶合板 t=12 mm 2张
金属地板
水泥砂浆/混凝土垫层

▽GL
75 ▽1FL=GL+75

外部地板装潢
互锁设备□100
水泥砂浆/混凝土垫层

混凝土板 t=250 mm
混凝土垫层 t=50 mm
挤塑聚苯乙烯板 t=20 mm
聚苯乙烯泡沫板
碎石 t=50 mm

家具
装饰板材灰泥 t=1 mm
刨花板垫层

280
500

剖面图 比例尺 1:100
圆筒状楼梯井与灯笼形屋顶寓意"万物汇聚",体现熊楠的"曼陀罗"精髓(注:曼陀罗:宗教用语,
是僧人日常修习秘法时的"心中宇宙图")

1层共有8处半拱形设计,形状各不相同

施工地俯视视角。左侧为新馆,右侧的长方形建筑为旧馆

靠近森林中心位置的施工景象

半拱形、支撑柱的1层结构式样

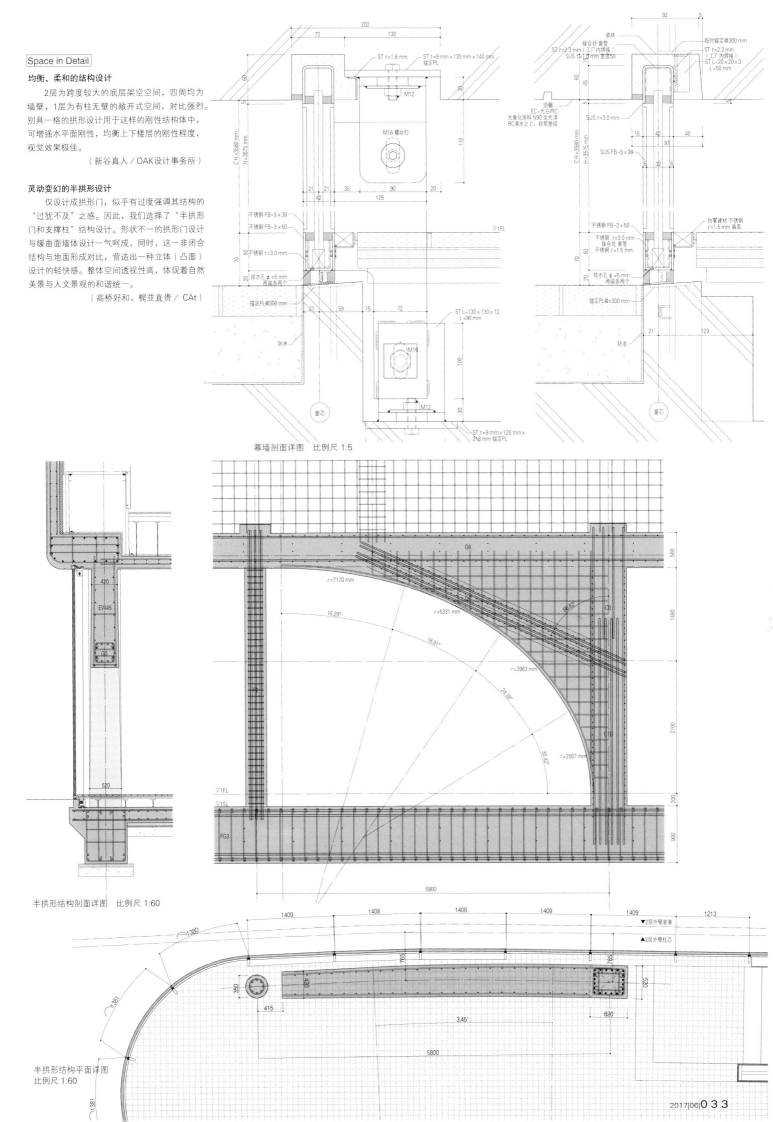

Space in Detail

均衡、柔和的结构设计

2层为跨度较大的底层架空空间，四周均为墙壁，1层为有柱无壁的敞开式空间，对比强烈。别具一格的拱形设计用于这样的刚性结构体中，可增强水平面刚性，均衡上下楼层的刚性程度，视觉效果极佳。

（新谷真人 / OAK设计事务所）

灵动变幻的半拱形设计

仅设计成拱形门，似乎有过度强调其结构的"过犹不及"之感。因此，我们选择了"半拱形门和支撑柱"结构设计。形状不一的拱形门设计与缓曲面墙体设计一气呵成，同时，这一非闭合结构与地面形成对比，营造出一种立体（凸面）设计的轻快感。整体空间透视性高，体现着自然美景与人文景观的和谐统一。

（高桥好和，梶並直贵 / CAt）

幕墙剖面详图　比例尺 1:5

半拱形结构剖面详图　比例尺 1:60

半拱形结构平面详图
比例尺 1:60

看向底层架空间的半拱形门与门厅方向。1层半拱形门形状各异，共计8种样式。与建筑整体结构与外观设计共同营造出柔缓的曲面效果。1层顶棚高3580 mm

门厅视角。顶部设有顶灯，灯笼形屋顶形成圆筒状的楼梯井空间，灯笼形屋顶上为南方熊楠的临摹版字画

看向永远。底层架空空间为旧馆的整体动线，抗震改建工程施工过程中，也用作施工车辆动线，宽度约为3700mm，开口部的窗框部分嵌入顶部混凝土板中，营造出内外结构的一体感

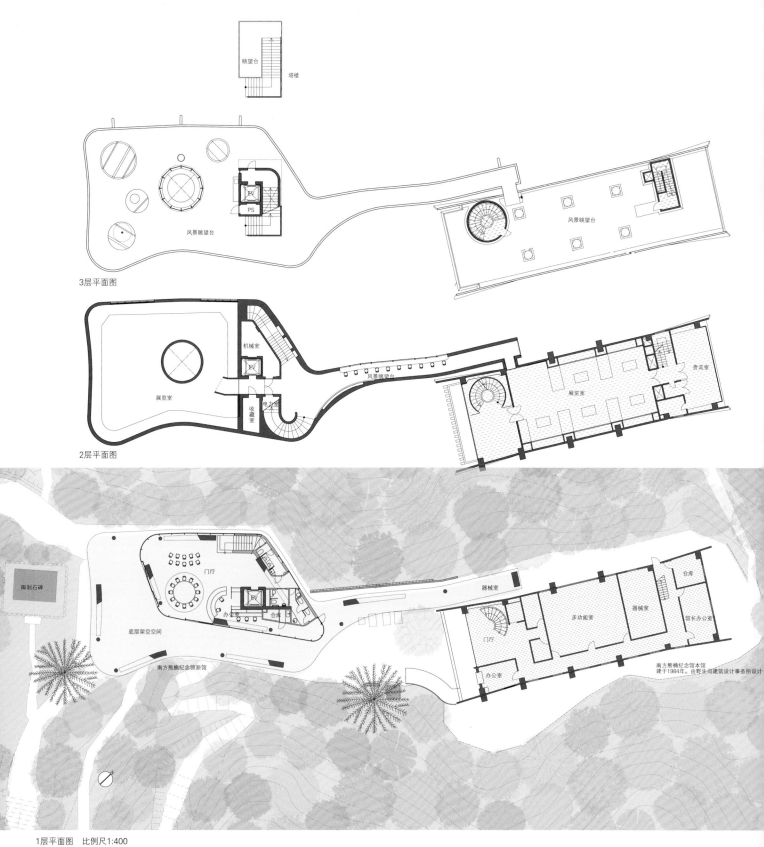

映望台　塔楼

风景眺望台　风景眺望台

PS

3层平面图

机械室

展览室
收藏室　电力室
风景眺望台

贵宾室

展览室

2层平面图

御制石碑

门厅

底层架空间
办公室　仓库
南方熊楠纪念馆新馆

器械室

门厅
多功能室　器械室　仓库
馆长办公室
办公室

南方熊楠纪念馆本馆
建于1984年。由野生司建筑设计事务所设计

1层平面图　比例尺1:400

底层架空间延伸至门外大道

屋顶瞭望台兼具旧馆动线功能
旧馆建成于1964年，本次为抗震改建工程

上：可眺望太平洋的连廊/下：展览室入口

夜景。纪念馆建于番所山顶部，灯笼形屋顶的顶灯似灯塔一样明亮

设计·建筑：小鸠一浩＋赤松佳珠子／CAt
结构：OAK设计事务所
器械设备：科学应用冷暖研究所
电力设备：EOS PLUS
施工（建筑）：东宝建设
施工（设备）：DAIICHITECH
用地面积：8580.16 m²
建筑面积：374.98 m²
使用面积：555.48 m²
层数：地上2层　阁楼1层
结构：钢筋混凝土结构　部分为钢架结构
工期：2015年12月—2016年10月
摄影：日本新建筑社摄影部（特别标注除外）
（项目说明详见第159页）

太平洋

临海浦海水浴场

南方熊楠纪念馆

番所鼻灯塔

京都大学潟港水族馆

圆月岛

全景区域图　比例尺1:5000

楼梯井、灯笼形屋顶仰视视角

CISTERNERNE PAVILION "THE WATER"

日本丹麦建交150周年纪念工程

设计　三分一博志 ALEX HUMMEL LEE 联合合作（EU）
施工　FULLI-STAGE

所在地　丹麦腓特烈斯贝
CISTERNERNE PAVILION｜THE WATER｜(CELEBRATING THE 150TH ANNIVERSARY OF JAPAN-DENMARK DIPLOMATIC RELATIONS)
architects: HIROSHI SAMBUICHI, ALEX HUMMEL LEE

展览会场"CISTERNERNE"原为蓄水池，修建于1730年。19世纪50年代后期将其埋于地下，在自来水管道设备完善之前，一直作为地下蓄水池，供应哥本哈根市民用水。尽管那之后处于闲置状态，现在依然储存着水。本次设计的展览主题为"居民的生命之源"。用于维护的原设开口部现用于采光，下方建有"苔藓岛"

内部空间，从星宿神社看向天窗视角。左侧为拱形门

内部空间，喷头喷洒水雾，当太阳光直射时会出现彩虹

位于内部的长廊。主体木框架由从日本派遣而来的木匠工人与当地施工者共同制作而成，地板为当地松木。其他建材，如屋顶建材为日本杉木、丝柏。整个地下空间弥漫着木香

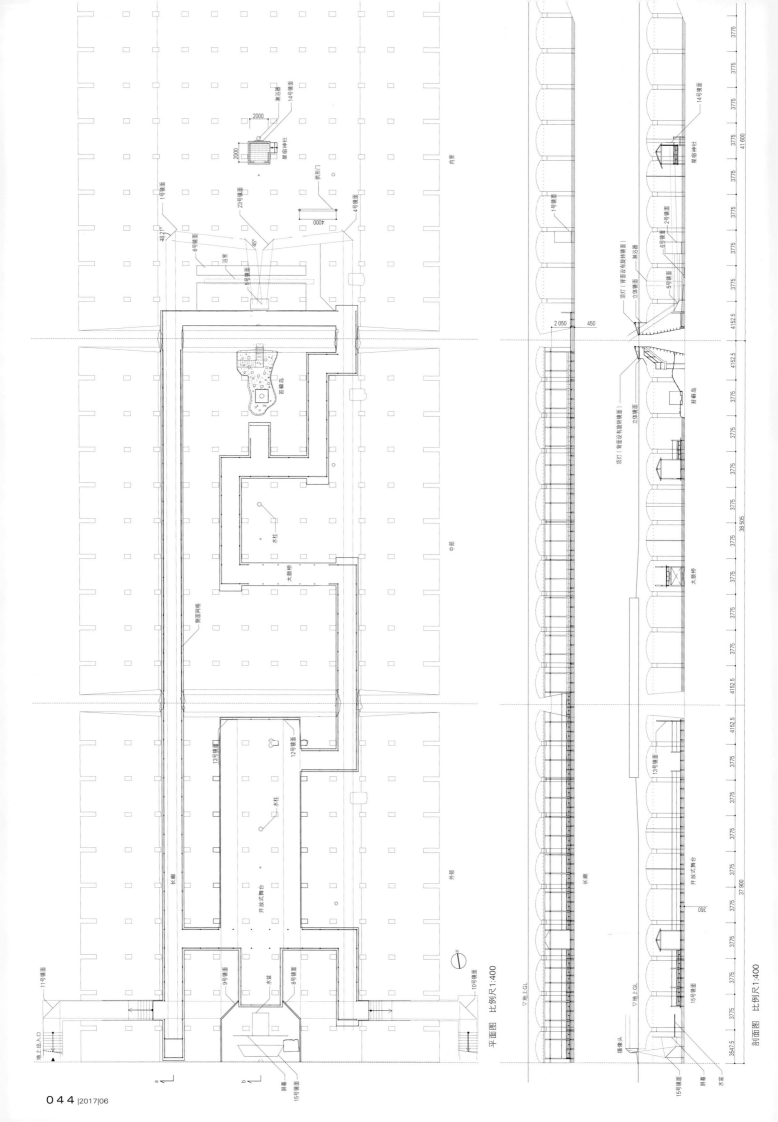

平面图 比例尺1:400

剖面图 比例尺1:400

长廊尽头可见天窗透过的光，观光者可迎光而行

于我而言，没有什么比水更富有魅力。

CISTERNERNE与其历史

腓特烈斯贝区为丹麦哥本哈根的一个自治区。腓特烈斯贝花园和王宫南侧公园位于该市南端。建于山丘之上的这两大公园曾是王室家族的夏日避暑之所与休闲庭院。该建筑的建造工程始于1690年，竣工于1730年。据说，夏至之时，山丘上会举行观赏日出的庆典活动，因而也被称为太阳之丘。现在对外开放，用作市民休憩的公园。山丘上设有王室专用水槽，19世纪50年代被埋于地下，在自来水管道设备完善前，一直作为地下蓄水池，供应整个哥本哈根市的用水。现在，利用遗留建筑改造而成的艺术空间"CISTERNERNE"已被纳入腓特烈斯贝博物馆。本次建设项目为日本与丹麦建交150周年纪念工程之一。

CISTERNERNE 的自然元素

CISTERNERNE 空间面积约为4650 m^2，高约4 m，主要由柱子与混凝土拱廊支撑，可储存16 000 m^3的水量，至今依然有水喷涌而出。

这一遗留建筑主要为地下空间，由厚厚的石壁分隔开，共三大区域。每一区域的中央设有向街区居民循环供应用水的水管。此外，设有用于维修

维护的小开口，透过缝隙的光线若隐若现。这一地下空间的空气湿度为100%，全年恒温，唯一的缺点是CO_2浓度近乎为地上区域的10倍。

水

除阳光和空气外，太阳之丘上更具特色的是"水"，作为市民"生命之源"的水。我们经过一年多的考察，充分挖掘该地的魅力和潜力所在的同时，结合日本与丹麦之间的交流文化，力求打造一场空气、水和阳光的"展览盛会"。

我时常认为人类的生存活动与空气、水和阳

光息息相关。通过本次建设，可重新审视古代日本人与丹麦人对空气、水和阳光的崇拜之情，可一窥其历史文化传承。该空间既像是地下神殿，又仿佛地下海洋一样的存在。我们希望将其打造为展现自然元素与人类活动相融的全新区域。

"水"是哥本哈根市民的生活保障之源、生命之源，"展览会场"将作为其祭祀之地，希望以此勾起人们的记忆——关于这座城市的历史与自然元素之间的关系的记忆。

（三分一博志）

（翻译：林星）

左：位于中间区域的长廊与太鼓桥/中：配有屏风的长廊/右：星宿神社

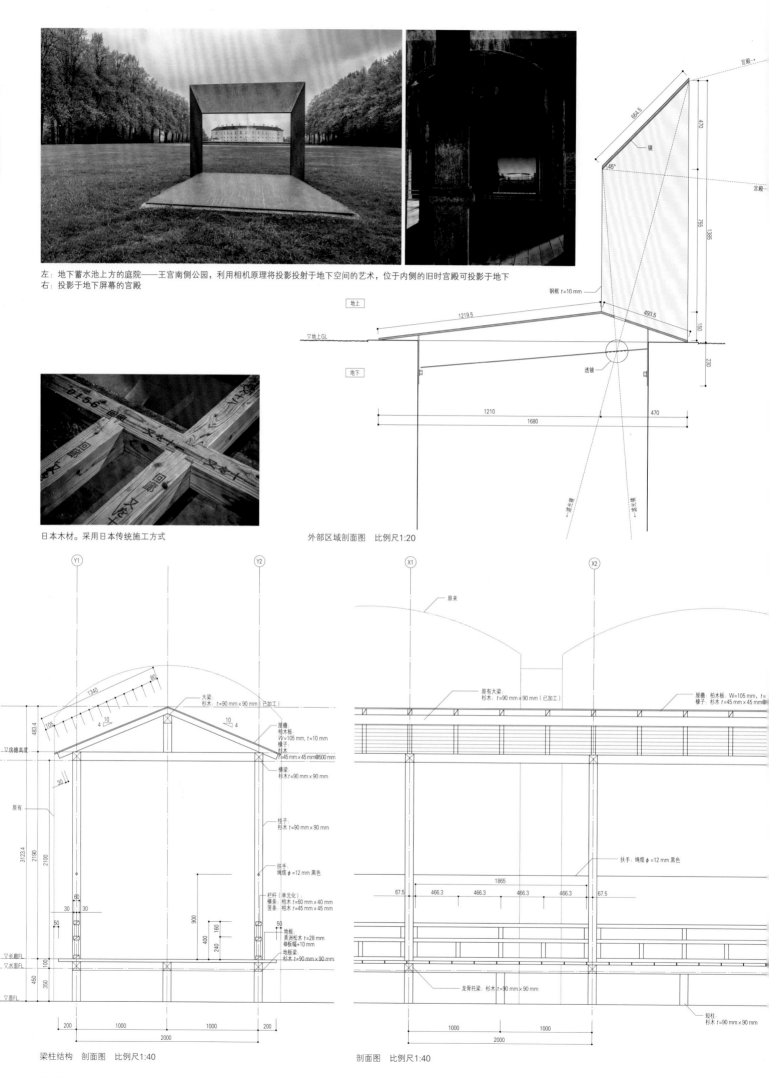

左：地下蓄水池上方的庭院——王宫南侧公园，利用相机原理将投影投射于地下空间的艺术，位于内侧的旧时宫殿可投影于地下
右：投影于地下屏幕的宫殿

日本木材。采用日本传统施工方式

外部区域剖面图　比例尺1:20

梁柱结构　剖面图　比例尺1:40

剖面图　比例尺1:40

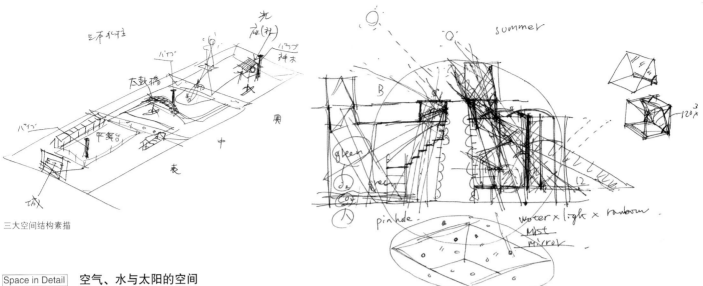

三大空间结构素描

研究太阳与水、人与植物关系的剖面草图

空气、水与太阳的空间

　　CISTERNERNE的水量随时间变化而变化。环形长廊似乎立于水面之上，主要建材为杉木和柏木。地下三大区域分别为外室、中室和内室。

　　每一区域的中心位置均设有"水柱"。外室建有开放式舞台，以便对"水柱"进行"膜拜"。中室设有太鼓桥，内室设有星宿神社。各室的作用各异，外室主要用于通向旧王宫的地下通道；中室则用于促进苔藓岛的光合作用，展示人与植物之间的空气循环，即氧气与二氧化碳的循环；内室则用于照射水面，营造波光粼粼的景象，为整个"展览馆"打造光之长廊。临近夏至之时，太阳光直射星宿神社内的"水柱"，从而营造室内阳光洒满水面的灵动景象。水蓄满水池时，CISTERNERNE之上仿佛可以泛舟而行。

（三分一博志）

设计：三分一博志
　　　Alex Hummel Lee（联合合作（EU））
施工：FULLI-STAGE
用地面积：4650 m²（地下全部）
层数：地下1层
结构：木质结构
工期：2017年2月—3月
摄影：Jens Markus Lindhe
（项目说明详见第159页）

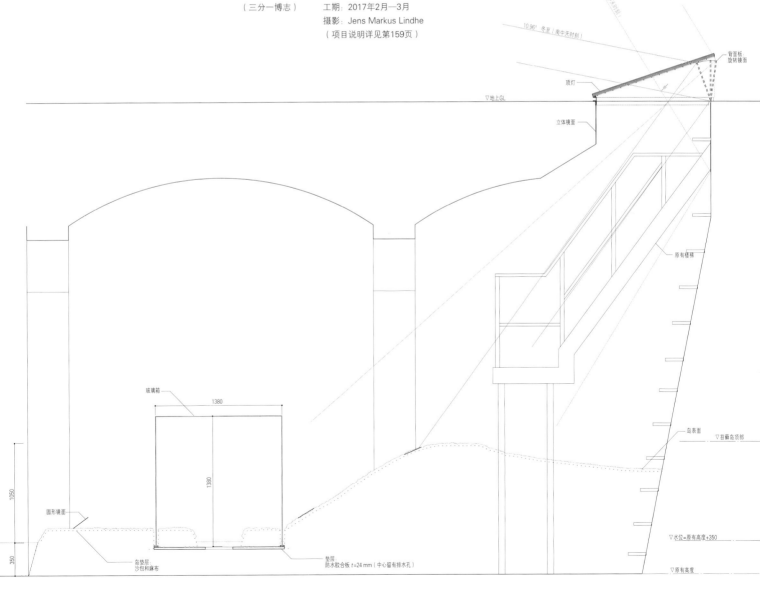

苔藓岛剖面图　比例尺 1:40

直岛港 "云状" 码头

设计　妹岛和世+西泽立卫/SANAA
施工　大山建筑工作室
所在地　香川县香川郡直岛町
NAOSHIMA PORT
architects: KAZUYO SEJIMA + RYUE NISHIZAWA/SANAA

该码头位于直岛港，为方便客船停靠而建。木质结构，兼具休息室和自行车停
放处功能。外部由数个直径4 m的FRP（纤维增强复合材料）半球拼合而成，
远远看去仿佛云朵附在表面一般。建筑整体高约8 m，平面面积约为120 m²

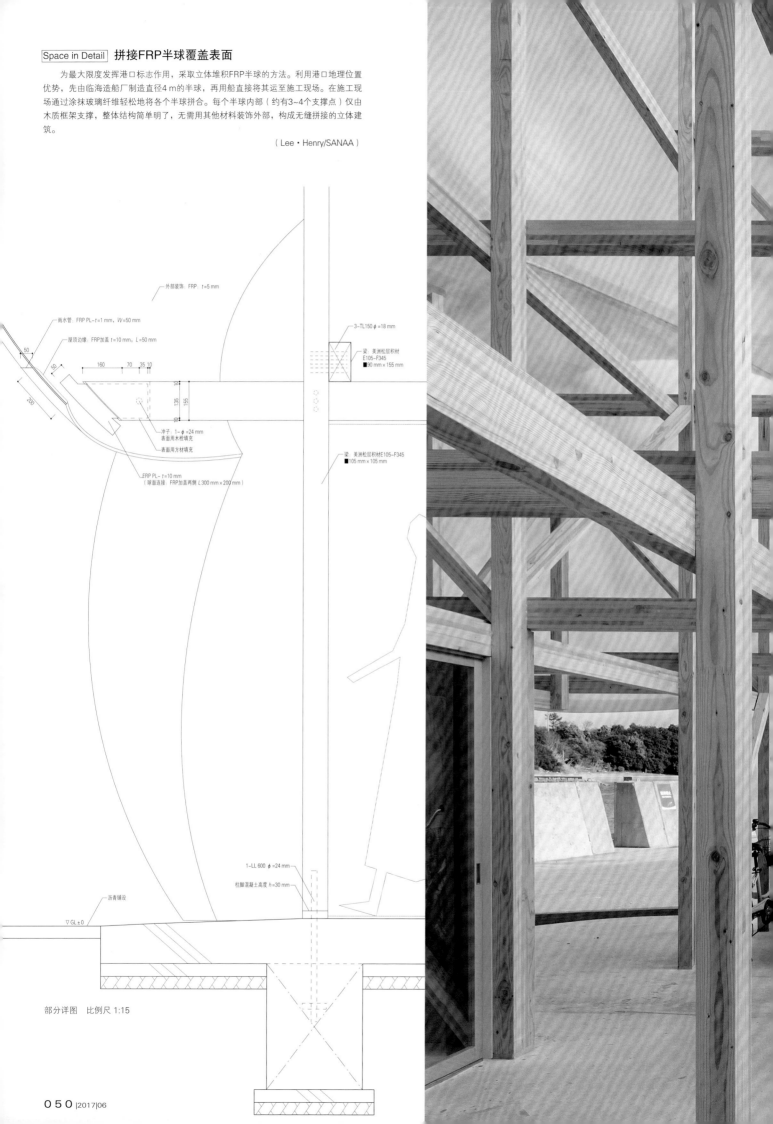

Space in Detail 拼接FRP半球覆盖表面

　　为最大限度发挥港口标志作用，采取立体堆积FRP半球的方法。利用港口地理位置优势，先由临海造船厂制造直径4 m的半球，再用船直接将其运至施工现场。在施工现场通过涂抹玻璃纤维轻松地将各个半球拼合。每个半球内部（约有3~4个支撑点）仅由木质框架支撑，整体结构简单明了，无需其他材料装饰外部，构成无缝拼接的立体建筑。

（Lee·Henry/SANAA）

外部装饰：FRP，t=5 mm

雨水管：FRP PL-t=1 mm，W=50 mm

屋顶边缘：FRP加盖 t=10 mm，L=50 mm

3-TL150 φ =18 mm

梁：美洲松层积材
E105-F345
■90 mm×155 mm

50

50

200

160　70　35 10

10

135

155

10

冲子：1- φ =24 mm
表面用木栓填充

表面用方材填充

梁：美洲松层积材E105-F345
■105 mm×105 mm

FRP PL-t=10 mm
（球面连接：FRP加盖两侧 L 300 mm×200 mm）

1-LL 600 φ =24 mm

柱脚混凝土高度 h=30 mm

沥青铺设

▽GL±0

部分详图　比例尺 1:15

建筑内自行车停放处及左侧材质特写，木质框架由若干根亚洲落叶层板材搭建而成，中间支撑柱旁辅以8根木柱加固。木材边端安上FRP片，并在外部覆满FRP半球，以达到将内部木质框架和外部FRP半球相连接的目的

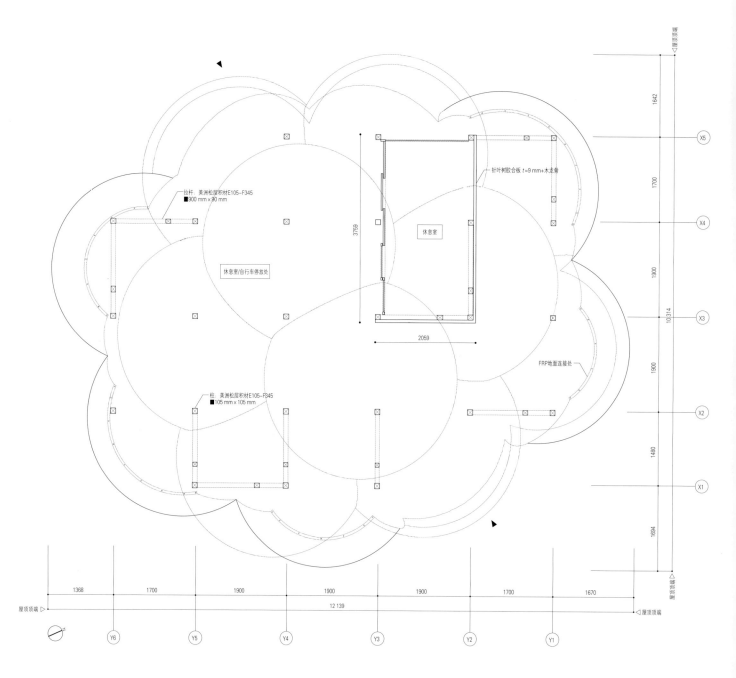

拉杆 美洲松层积材E105-F345
■900 mm×90 mm

针叶树胶合板 t=9 mm+木龙骨

休息室/自行车停放处

休息室

柱：美洲松层积材E105-F345
■105 mm×105 mm

FRP地面连接处

3759

2059

屋顶顶端

1642
1700
1900
110/314
1900
1480
1694

X5
X4
X3
X2
X1

屋顶顶端

1368   1700   1900   1900   1900   1700   1670

12 139

Y6   Y5   Y4   Y3   Y2   Y1

平面详图　比例尺 1:75

云状码头成为小岛标志

该码头位于直岛本村港，为方便小型客船停靠而建，由于现有港口存在老化问题，于是这一具备休息室、自行车停放处、公共卫生间等多种功能的码头应运而生。

本村是直岛上人口较为密集的村落，同时也是"家计划"所在地，观光游客络绎不绝。SANAA 表示，"我们希望为岛民和初次到访的游客建立一个地标。这样他们就能很容易找到登船的位置。"

内部由网格状木质框架支撑，在其上方堆积起数个直径4 m的FRP半球，构成一个高约8 m，仿佛积雨云般的立体建筑。如此一来，不论是前往登船点的人，或是坐船来到码头的人，即使距离再远，也能一眼望见。球体由厚度约为5 mm的半透明的FRP制成，在碧海蓝天或落日余晖中，半透明的球面将光线滤进内部空间时，会微微折射光线，使视觉空间增大，整体给人柔和舒适的感觉。设计师表示，希望该码头能成为小岛的一个新标志，让岛上居民和游客都能聚集在一起。

（Lee・Henry/SANAA）

（翻译：江茜）

左侧是休息室，5 mm厚的FRP透光性强，内部木质框架清晰可见

从南侧上方俯瞰整个港口，只见岛上居民和游客们的代步工具——连接冈山、高松和丰岛的小型客船，在直岛港里来来往往

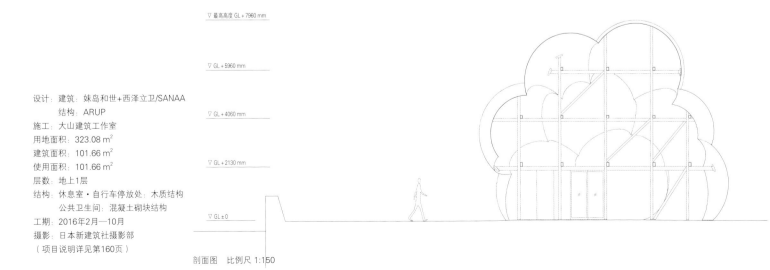

▽ 最高高度 GL + 7960 mm

▽ GL + 5960 mm

▽ GL + 4060 mm

▽ GL + 2130 mm

▽ GL ± 0

设计：建筑：妹岛和世+西泽立卫/SANAA
　　　结构：ARUP
施工：大山建筑工作室
用地面积：323.08 m²
建筑面积：101.66 m²
使用面积：101.66 m²
层数：地上1层
结构：休息室·自行车停放处：木质结构
　　　公共卫生间：混凝土砌块结构
工期：2016年2月—10月
摄影：日本新建筑社摄影部
〔项目说明详见第160页〕

剖面图　比例尺 1:150

"球"

设计　妹岛和世+西泽立卫/SANAA
施工　竹中土木工务店
所在地　石川县金泽市广坂街
「MARU」
architects: KAZUYO SEJIMA + RYUE NISHIZAWA/SANAA

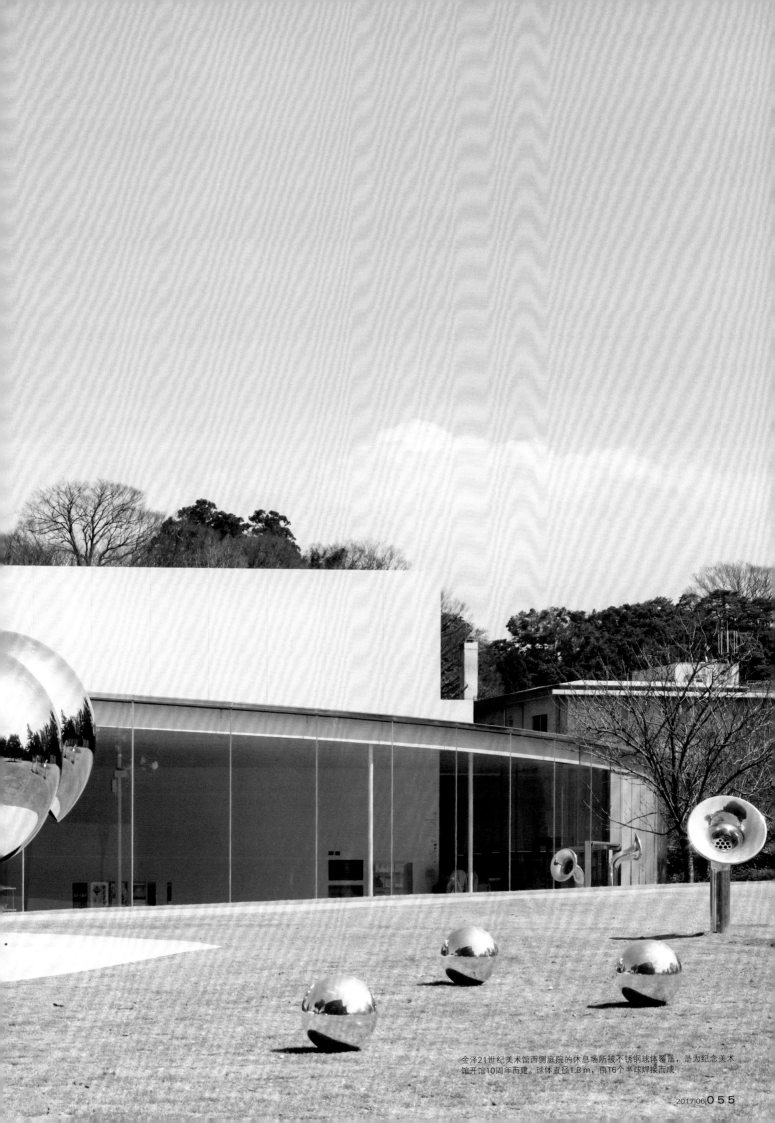

金泽21世纪美术馆西侧庭院的休息场所被不锈钢球体覆盖，是为纪念美术馆开馆10周年而建。球体直径1.8 m，由16个半球焊接而成

全景云形休息场所

　　"球"在金泽21世纪美术馆开馆10周年之际，在美术馆占地范围内筹划建造而成，给美术馆增添了活力。这个云形屋顶由16个不锈钢半球焊接而成。

　　具体的加工方式为，将厚度为6 mm和8 mm的不锈钢板材进行3次曲面加工后焊接，再用10根不锈钢柱支撑这个半球组合体结构。

　　建筑外观为镜面，因此能映射出美术馆和街道的景色。建筑内部未抛光的镜面在收入外部景色的同时，各个球面上的风景也能相互反射。

　　来参观此建筑的人，无论老少，都表达出深深的喜爱之情。此建筑成为街道上新的风景线。

（降矢宜幸/SANAA）

（翻译：崔馨月）

Space in Detail | 漂浮的球团

　　本次由不锈钢铸成的屋顶既是建筑结构的一部分又起到装饰作用，制作精度要求极高。

　　因此一旦在工厂焊接、临时组装、抛光后，就已接近成品并能看出整体效果。为了能一次性将这16个半球运到场地，我们先将其分为7部分运至场地，再在现场进行二次焊接、组合、抛光。

　　具体来讲，构成屋顶的半球根据结构计算，是由6个板厚6 mm和10个板厚8 mm，共计16个球组合而成的。5张不锈钢板通过弯曲加工和焊接形成一个球。10根直径为48 mm的钢棒呈V字形摆放，通过铅垂力和水平力共同作用，营造出一种球团漂浮在美术馆广场的感觉。

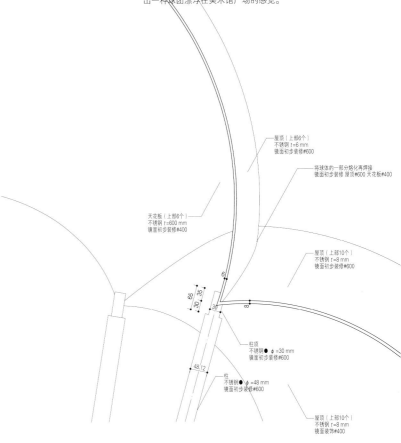

屋顶（上部6个）
不锈钢 t=6 mm
镜面初步装修#600

将球体的一部分熔化再焊接
镜面初步装修 屋顶#600 天花板#400

天花板（上部6个）
不锈钢 t=600 mm
镜面初步装修#400

屋顶（上部10个）
不锈钢 t=8 mm
镜面初步装修#600

柱顶
不锈钢 ● φ =30 mm
镜面初步装修#600

柱
不锈钢 ● φ =48 mm
镜面初步装修#600

屋顶（上部10个）
不锈钢 t=8 mm
镜面装饰#400

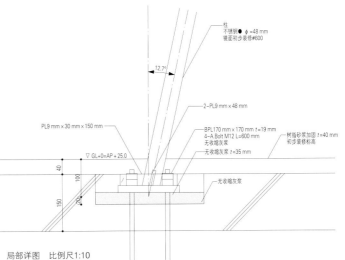

柱
不锈钢 ● φ =48 mm
镜面初步装修#600

2-PL9 mm × 48 mm

BPL170 mm × 170 mm t =19 mm
4-A.Bolt M12 L=600 mm
无收缩灰浆 t=35 mm

树脂砂浆加固 t=40 mm
初步装修标高

无收缩灰浆

PL9 mm × 30 mm × 150 mm

▽ GL+0=AP + 25.0

局部详图　比例尺1:10

左：建筑内观。内外风景映在球体上

设计：建筑负责人：妹岛和世+西泽立卫/SANAA	使用面积：26.38 m²
结构：ARUP	层数：地上1层
施工：建筑：竹中土木工务店	结构：不锈钢
模型制造：北海道制造所	施工期间：2015年6月—2016年11月
监修负责：金泽市土木局修建科	摄影：日本新建筑社摄影部
用地面积：26 016.68 m²	（项目说明详见第161页）
建筑面积：26.38 m²	

佐谷艺术画廊

设计　青木淳建筑策划事务所
施工　石川广一郎一级建筑师事务所
所在地　东京都港区
SHUGOARTS
architects: JUN AOKI & ASSOCIATES

六本木新城附近的complex665大楼汇聚众多日本现代美术画廊，佐谷艺术画廊位于该大楼2层。画廊主体为两个白色立方体空间，由一个仓库衔接。内厅天花板上没有照明设施，光源为从窗户透入的自然光，以及设计师青木淳为ShugoArts三宿画廊设计的三宿灯，光线照到天花板后反射，营造出明亮的室内环境。此外，原先三宿画廊的椭圆桌和圆椅也转移到了这里

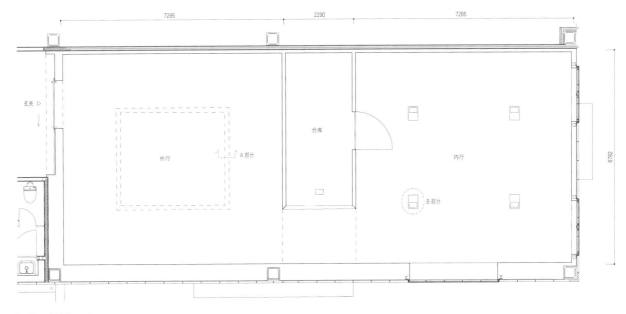

平面图　比例尺1:120

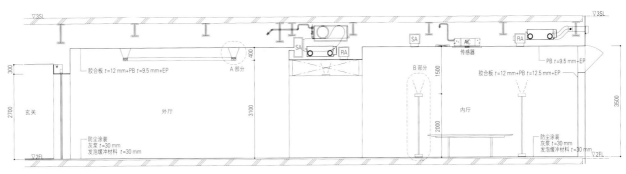

剖面图　比例尺1:120　　将排烟区与烟雾感应区一体化，并将用于外厅的设备及检查口移至仓库与内厅

空间细节

ShugoArts三宿画廊*

三宿灯：外形如路灯

　　通常展示区的天花板上安装有照明用具。灯具的设置即使做到不显眼，也还是可以看得见。为此，佐谷艺术采用了一种空间存在感不强的灯具。三宿画廊一开始是一间空置商铺，天花板上没有照明用具。考虑作为过渡期使用这一问题，我们冒险尝试采用立式灯具，将灯光打到天花板，再由天花板反射光线照亮整个空间。当时设想，如果该设计取得理想效果，则搬迁后继续沿用。为确保整个空间的照明强度，进行灯光模拟实验，确定需要使用路灯专用灯具。只是，一般路灯专用灯具演色性不强，无法用于展览照明。通过冈安泉的协助，我们找到了世界上唯一的高演色路灯专用灯具。这种灯具借助天花板产生反射光，如同黄昏时分的柔和光线，充满整个空间。

（竹内吉彦/青木淳建筑策划事务所）

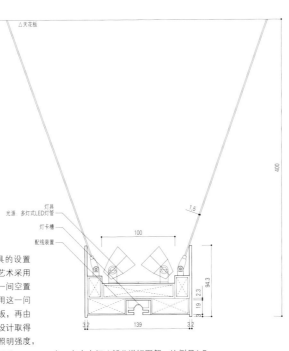

上：六本木灯 A部分详细图解　　比例尺1:5
外厅头顶为"口"字形钢材吊灯，为使光源装置不外露，灯具从下往上打向天花板。底边安装卡槽，可连接聚光灯与投影仪

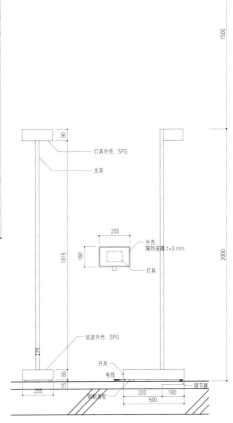

右：三宿灯 B部分详细图解　　比例尺1:30
将用于路灯的高功率光源置于高出视线的位置，并朝上打光。此装置不直接以灯具发出的光照明，而是借从天花板反射的光，使整个空间充满质地均匀的光线。灯具静默伫立，不会干扰到作品

1：小林正人 "Thrice A Time"（2016年10月21日—12月4日）
外厅
外厅的六本木灯垂挂于距离天花板400 mm的位置，灯具照亮天花板，而光源从外部不可见。天花板上仅安装有照明装置，墙壁、地板、天花板亮度相同，营造出一个光线均匀的抽象空间

2：户谷成雄 "森X"（2016年12月16日—2017年2月5日）
展示作品为高度超过2 m的雕刻品，材料取自等间隔种植的大树。这次展出与以往雕刻作品展示方式不同，不采用射灯直接照射，通过质地均匀的间接光照展现出作品的厚重感与漂浮感*

3：Ritsue MISHIMA "星星"（2017年2月18日—4月1日）
透明的玻璃作品置于发光的台面上，由于发光体只有台面本身，光穿过有机玻璃，发生折射与散射后，柔和地照亮整个抽象空间*

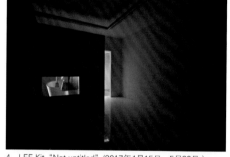

4：LEE Kit "Not untitled"（2017年4月15日—5月20日）
隔断营造出画廊迷宫般的空间，投影仪在隔断的空间中展示画作。光从内厅的墙壁和地板反射并渗透出来，不由使人想走向更深的内部空间*

光之箱

　　ShugoArts搬迁计划——从世田谷区（东京）三宿转移到六本木。我们对三宿的空置商铺进行重新装修，发挥其独有的空旷感，并且制作了一款名为"三宿灯"的照明用具，方便转移时搬运。繁华的六本木需要从商业街开辟出一个展览空间作为缓冲区，有别于周边的风格。新画廊将两个相同大小的空间并列，中间由一个仓库连接。这样一来，无论从平面还是剖面来看都是凹形的，各个长方体平面既有独立性，又相互融合。两个展厅的共同点是都没有在天花板上设置光源。新画廊的天花板被用作反射面，反射来自下方的光。外厅采用口字形灯具，悬挂于头顶上方，而内厅则采用立式灯具，置于地板上照向天花板。虽然光源不外露，却使光线遍布整个空间，营造出没有阴影的空间效果。此外，两个展厅的抽象度有所不同。外厅设计突出表现平面的抽象感，而进入内厅后，出现家具、设备、窗户等具体物件，可由此感受物体的存在。根据展示方式不同，两个空间光与物的样态相互影响给人不同的感受。只有在这样的"光之箱"中才会得到独一无二的体验，那就是访客与作品一同悬浮于空中的感受。

（竹内吉彦/青木淳建筑策划事务所）

（翻译：朱佳英）

1：小林正人 "Thrice A Time"（2016年10月21日—12月4日）
内厅
较之外厅，内厅出现了固定窗以及天花板上的设备。外厅与内厅的空间大小一致，艺术家将在此布置画作称为"游戏"，他们的作品展示就是"游戏"留下的印记

2：户谷成雄 "森X"（2016年12月16日—2017年2月5日）
内厅有从窗户照进来的自然光，可以细腻地反映外界的变化*

3：Ritsue MISHIMA "星星"（2017年2月18日—4月1日）
天花板反射三宿灯的光，照在铝制三宿桌上。桌子用作展台*

4：LEE Kit "Not untitled"（2017年4月15日—5月20日）
来自窗户的自然光线，投影仪的放映光线，灯具的照明光线，与画作同在一个空间*

设计：建筑：青木淳建筑策划事务所
　　　设备：森村设计
施工：石川广一郎一级建筑师事务所
使用面积：129.25 m²
层数：地上3层（位于2层）
结构：钢架结构
工期：2016年8月—9月
摄影：日本新建筑社摄影部（特别标注除外）
（项目说明详见第162页）

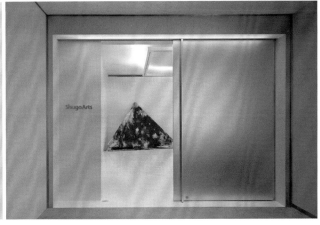

左：内厅。仓库连接内厅与外厅，天花板与墙壁衔接处采用一定的倾斜角处理。仓库的照明灯光在连接处的天花板上清晰地透出光亮 / 右：玄关。玄关大门与三宿桌一样用铝制成

小山登美夫画廊

设计　村山彻+加藤亚矢子/MTKA（村加藤）建筑事务所
施工　石丸
所在地　东京都港区
TOMIO KOYAMA GALLERY
architects: MURAYAMA + KATO ARCHITECTURE / MTKA

该画廊位于complex+665的二楼，旁边是佐谷艺术画廊。入口处的大门采用西式建筑
风格，木质结构，厚度为60 mm。旋转合页是反向安装的，所以在打开门时可隐藏
其金属材料。画廊A是拱形吊顶，拓展了空间

左：画廊A、B、C的连接部分。A和C的地面由混凝土制成，十分结实，能够陈列坚硬的展品，地面用抹泥刀打磨光滑。入口附近和画廊B的地面贴着砖瓦图案的瓷砖，为了粉刷墙壁时不弄脏瓷砖，瓷砖和墙壁之间通常会留出4mm的空隙 / 右：画廊B和C的连接部分，连接处的墙壁采用加厚设计，呈现空间转换效果

宛如邸宅改建般的画廊

"小山登美夫画廊"是日本具有代表性的当代美术画廊，其内部装修设计独具特色。画廊是展示和拍卖美术品的场所，因此，设计上通常会最大限度地增加用地面积和顶棚高度，拓展空间，使其尽可能多地陈列展品。而且为了能够和不同的作品风格相匹配，墙面往往会粉刷成白色。但是，这里为了切合画廊展览策划人小山登美夫及其团队作家的作品风格，呈现有故事性的整体空间，在设计上打破常规，进行了大胆的创新。空间比例和各展厅的独立性非常重要，因此，该画廊的空间比例和各展室的独立性没有使用平面图，而是采用了立体模型

来展示。每一块模型所代表的空间形状和大小都不同，摆放时兼顾到相互衔接，使其形成美妙的流线。在结构和细节方面，没有拘泥于墙壁粉刷白漆、最大限度地利用空间等简单抽象化的操作，而是兼顾各个空间的特点，确保每个展示空间的机能。如此一来，建成的空间由很多元素组成，既明亮又温馨，这样的画廊能够给人们带来好心情和亲切感。

（村山彻+加藤亚矢子）

（翻译：迟旭）

设计：MTKA(村加藤)建筑事务所
施工：石丸
使用面积：158.51 m²
施工期限：2016年8月—9月
摄影：日本新建筑社摄影部
（项目说明详见162页）

体积模型：展示空间由穹状、线条、立方体三种体积模型连接而成

画廊A的一部分墙壁粉刷成米黄色。米黄色也是常用建筑色之一，和白色墙壁一样，润色补修比较容易

从画廊B可以看到阅览室

画廊C，C工程在A工程竣工后，沿着外墙壁打通的部分安装对开的窗户，用于采光

小山登美夫画廊不仅展现了画廊特有的元素，在结构设计上也独具匠心。例如，厚重的木质大门安装着黄铜把手；地面上交错镶嵌着梯形砖瓦图案的瓷砖；展示墙粉刷成米黄色；聚氨酯类涂装柜台打磨得像石头般光滑；墙壁装饰使用的是白蜡树材料的薄板，并且用黄铜色进行勾缝。与具体结构相比，细节部分就相当抽象了，画廊最大限度地精简了墙壁上突出的把手和门窗结构等细节，利落地改装了两面墙，这样，在重视各室容积的同时，也保障了当代美术展示空间的抽象性。

（加藤亚矢子+村山彻）

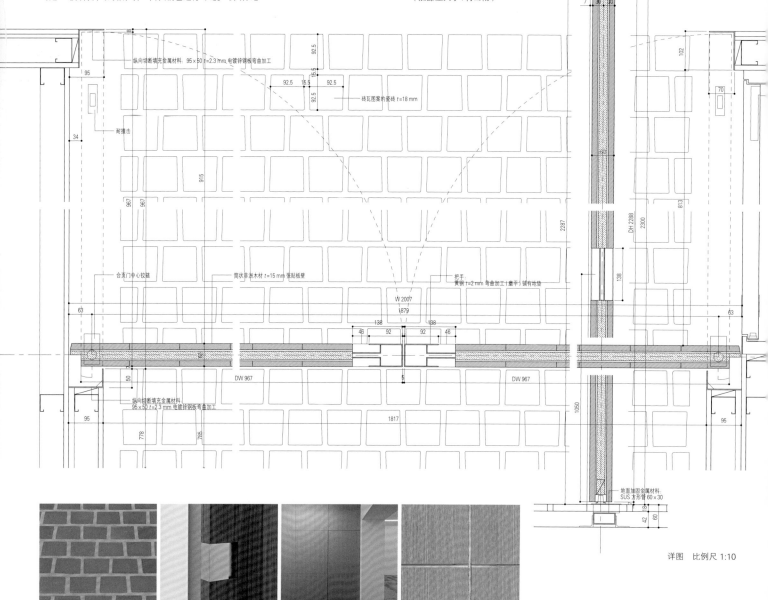

详图　比例尺 1:10

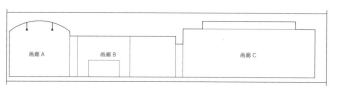

左：地面上梯形砖瓦图案瓷砖。一般使用的是增强型瓷砖胶，把梯形瓷砖交错粘贴，形成一种动态的视觉效果/中左：入口处的黄铜门把手。为了最大限度控制弯曲半径，使用刨机进行削平/中右：阅览室的门。安装旋转合页，没有设计把手，这样能够使门和墙壁镶板完美贴合/右：白蜡树薄板材料装饰。宽6 mm的墙缝为了能与招牌、黄铜把手相匹配，使用黄铜色材料进行勾缝

从画廊A可以看到画廊B

剖面图　比例尺 1:250

平面图　比例尺 1:250

complex665

设计施工　JFE建筑公司

所在地　东京都港区
COMPLEX665
architects: JFE CIVIL ENGINEERING & CONSTRUCTION CORP.

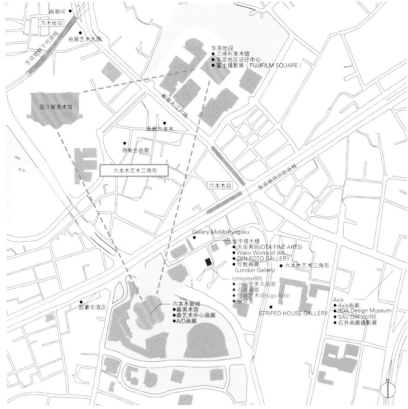

区域图　比例尺　1:10 000

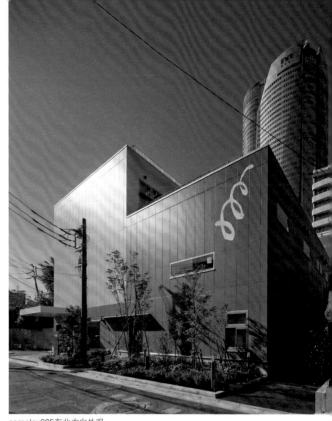

complex665东北方向外观

打造代表东京的文化中心

　　森大厦兼具文化和艺术要素，拥有磁铁般的吸引力。2003年标榜为东京文化中心，复合开发写字楼、住宅、商业等设施，建造了六本木新城，其最顶层是森美术馆。之后，六本木开设了多家美术馆和画廊，2007年，"国立新美术馆""三得利美术馆"相继开馆，形成了"六本木艺术三角形"，联手打造艺术城市。六本木作为东京艺术据点，吸引力逐渐增强。为了进一步推进文化中心化，2016年10月"complex665"迎来了开馆。

(森大厦)

1986年
ARK Hills竣工，三得利休闲会所开业

三得利休闲会所秉承"响彻世界的第一美"理念

1988年
ARK城市私塾成立

1993年
森美术馆在六本木开馆

1998年
ARK Hills俱乐部开业

2003年
文化中心、六本木新城开业，森美术馆开馆

六本木作为繁华街发展起来，是东京新的"文化中心"，并开发了办公室、住宅、商业复合开发的六本木新城，其最顶层是森美术馆

2007年
国立新美术馆、三得利美术馆开馆

六本木地区新开设美术馆等文化设施，与森美术馆组成了六本木艺术三角形，共同致力于六本木的宣传推广工作

六本木
艺术
三角形

2009年
开始举办六本木艺术之夜

2011年
在六本木开设画廊

六本木新城附近有7家新画廊开业

2013年
"六本木新城10周年庆"革新城市论坛开幕

10年间动员了4亿人
为纪念10周年，在森美术馆举办"Love展"

2015年
森美术馆翻新

开馆以来首次实施大规模改建，为了纪念这次翻新，开办了有史以来最大的村上隆个人作品展

2016年
complex665开业

代表日本的当代美术画廊

森大厦和文化的发展

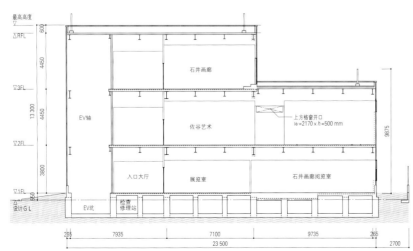

剖面图　比例尺　1:300

石井画廊

佐谷艺术

EV轴

上方格窗开口
w=2170 x h=500 mm

入口大厅　　展览室　　石井画廊阅览室

检查修理站

EV坑

设计G L

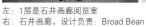

左：1层是石井画廊阅览室
右：石井画廊，设计负责：Broad Bean

左：从1层展览室看到的道路风景/右：建造于众多小巷中的六本木

KITAYON

设计　宝神尚史+太田温子/日吉坂事务所
施工　青
所在地　东京都杉并区
KITAYON
architects: OFFICE HIYOSHIZAKA

从选址到规划，作为业主的设计师一番后选定了坐落于西荻洼北侧商业街的出租楼。该建筑
可供5家店铺入驻，主立面宽度虽然有限却布置着纵向延伸。虽是出租楼属性，但墙壁的锯
屑水泥板构造和内部照明设施，使建筑的整体性得以增强，有望成为街区新据点

过道及建筑内部地面皆用混凝土铺制。面朝街道的两面（东、南）用门窗隔开，从过道处看，建筑内部的样子也清晰可见

1层店铺：地面用混凝土铺制，开口部位的门窗、结构等均由设计师精心设计。1层顶棚高度为房檐3150 mm、内部3550 mm。左侧过道宽度约为1800 mm，过道纵向延伸，沿着过道即可到达里面的店铺

民众创造的公共性

这是一个位于东京西荻洼的小型建筑群。中央线沿线各站均富有各自的街道个性，西荻洼拥有众多极具个性的个体商铺。近年来，由于提倡健康的生活方式，以及临站（吉祥寺站）备受欢迎，店铺租金不断上涨，个性鲜明的西荻洼的价值有所上升。所以我们计划创造出一个新地方，使个人得以建造出"自己的店"以及"商住两用住宅"。

设计之初的灵感来自西荻洼随处可见的过道以及坐落其中的商铺。于是我们决定将过道向里延伸，对旁边商铺进行改建。

具体来说，利用建筑主立面的三分之二，设计出两条过道（一条向1层深处延伸，一条引向2、3层的楼梯）。

用钢制门窗将过道和建筑隔开，开口部位和闭合结构采用细节处理，手工制作般的触感无形中拉近了顾客和业主间的距离。

于是，我们以业主的身份实施这一系列计划。这有两大意义：第一，通过设计推动街道朝新的方向发展。纵观西荻洼街景，只见新旧店铺交错林立，在街道尚未衰败前，通过自主设计、改建商铺，使其面貌焕然一新。这并非街道衰败后的"复兴计划"，而是有"预防作用"的提前改造；第二，民众创造出的公共性。具体而言，即旨在提高建筑内公共区域的利用率。此次设计以改造街景为目的，并由此来提高公共区域的利用率，增强其使用价值，相应减少用地成本。出于以上考量和实践，我们对西荻洼的过道及格局进行整改，规模虽小，但在发挥设计师的能动性、主体性，以及建筑的公共性上意义重大。

（宝神尚史＋太田温子）

（翻译：江茜）

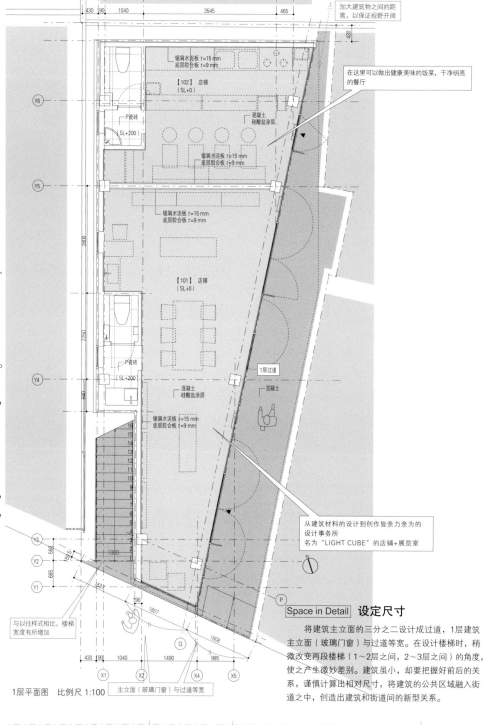

加大建筑物之间的距离，以保证视野开阔

在这里可以做出健康美味的饭菜，干净明亮的餐厅

锯屑水泥板 t=15 mm
底层胶合板 t=9 mm

【102】店铺
（SL+0）

混凝土
硅酸盐涂层

P瓷砖
SL+200

锯屑水泥板 t=15 mm
底层胶合板 t=9 mm

锯屑水泥板 t=15 mm
底层胶合板 t=9 mm

【101】店铺
（SL+0）

P瓷砖
SL+200

1层过道

混凝土

混凝土
硅酸盐涂层

锯屑水泥板 t=15 mm
底层胶合板 t=9 mm

从建筑材料的设计到创作皆亲力亲为的设计事务所
名为"LIGHT CUBE"的店铺＋展览室

与以往样式相比，楼梯宽度有所增加

1层平面图　比例尺 1:100

主立面（玻璃门窗）与过道等宽

Space in Detail 设定尺寸

将建筑主立面的三分之二设计成过道，1层建筑主立面（玻璃门窗）与过道等宽。在设计楼梯时，稍微改变两段楼梯（1～2层之间，2～3层之间）的角度，使之产生微妙差别。建筑虽小，却要把握好前后的关系，谨慎计算出相对尺寸，将建筑的公共区域融入街道之中，创造出建筑和街道间的新型关系。

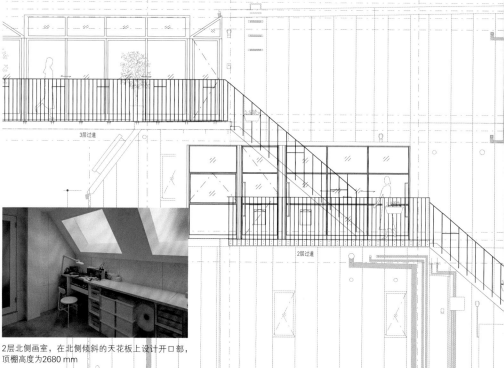

3层过道

2层过道

2层北侧画室，在北侧倾斜的天花板上设计开口部，顶棚高度为2680 mm

设计：建筑：日吉坂事务所
　　　结构：坂田凉太郎结构设计事务所
施工：青
用地面积：93.92 m²
建筑面积：74.94 m²
使用面积：188.04 m²
层数：地上3层
结构：钢筋骨架结构
工期：2016年6月—2017年3月
摄影：日本新建筑社摄影部
（项目说明详见第161页）

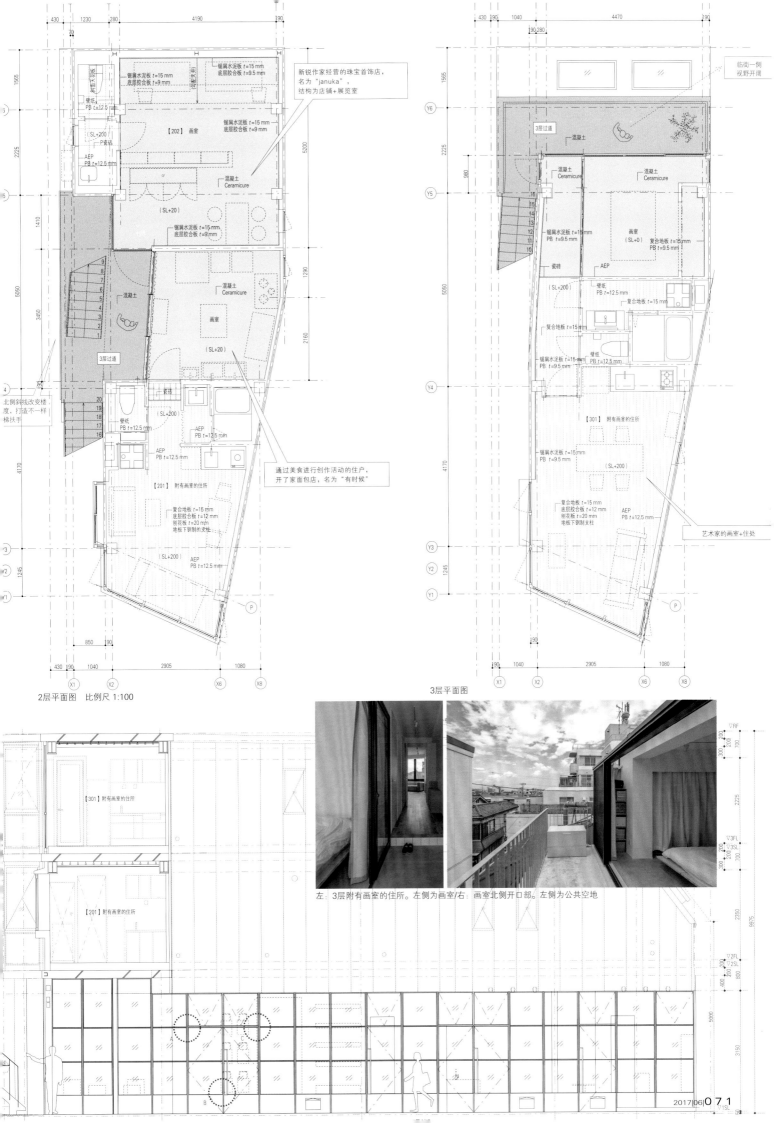

新锐作家经营的珠宝首饰店，名为"januka"，结构为店铺+展览室

2层平面图

锯屑水泥板 t=15 mm 底层胶合板 t=9 mm

壁纸 PB t=12.5 mm

贴面天花板

(弧面天棚)

(SL+200) P瓷砖

AEP PB t=12.5 mm

【202】画室

锯屑水泥板 t=15 mm 底层胶合板 t=9 mm

混凝土 Ceramicure

(SL+20)

锯屑水泥板 t=15 mm 底层胶合板 t=9 mm

混凝土 Ceramicure

画室

(SL+20)

混凝土

3层过道

北侧斜线改变楼度，打造不一样梯扶手

瓷砖

壁纸 PB t=12.5 mm

(SL+200)

AEP PB t=12.5 mm

AEP PB t=12.5 mm

【201】附有画室的住所

复合地板 t=15 mm 底层胶合板 t=12 mm 刨花板 t=20 mm 地板下钢制的支柱

(SL+200) AEP PB t=12.5 mm

通过美食进行创作活动的住户，开了家面包店，名为"有时候"

2层平面图 比例尺 1:100

3层平面图

临街一侧视野开阔

3层过道

混凝土

混凝土 Ceramicure

混凝土 Ceramicure

画室 (SL+0) 复合地板 t=15mm PB t=9.5 mm

锯屑水泥板 t=15mm PB t=9.5 mm

瓷砖

AEP

(SL+200)

壁纸 PB t=12.5 mm

复合地板 t=15 mm

复合地板 t=15 mm

锯屑水泥板 t=15mm PB t=9.5 mm

壁纸 PB t=12.5 mm

【301】附有画室的住所

锯屑水泥板 t=15mm PB t=9.5 mm

(SL+200)

复合地板 t=15 mm 底层胶合板 t=12 mm 刨花板 t=20 mm 地板下钢制支柱

AEP PB t=12.5 mm

艺术家的画室+住处

3层平面图

【301】附有画室的住所

【201】附有画室的住所

左：3层附有画室的住所。左侧为画室/右：画室北侧开口部。左侧为公共空地

2层过道，地面由混凝土铺制，将外部过道立体地引向楼上。创造出店铺面朝过道的感觉

从3层楼梯口向下俯视，由于2层～3层之间的楼梯角度发生微妙变化，在不同楼层过道上看到的街景有所不同

布局：图中○表示商铺

西荻洼站北出口的站前商业街。新旧店铺交错林立，顾客络绎不绝。街道及两旁路灯也得到了修缮，整个商业街面貌焕然一新

面朝过道一侧的门窗属订制产品。此次项目在保证店铺利益的同时，改建过程中，因考虑要体现对住户的关怀、提升街道质量，在过道交界处的边界面设计上倾注了大量心血。为发挥订制品的特色，选用了此前没有采用过的操作性强的开关结构和门把手。高质感金属配件以及二层推拉结构小窗，人与建筑的各个交点处的设计都经过精心考量，力图将记忆里残存的手感、触感凝固在建筑中。

（宝神尚史）

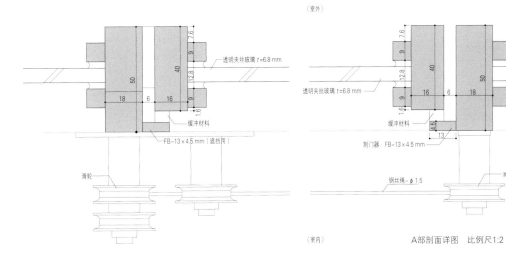

（室外）

透明夹丝玻璃 t=6.8 mm

透明夹丝玻璃 t=6.8 mm

缓冲材料

FB-13×4.5 mm（遮挡用）

缓冲材料

制门器 FB-13×4.5 mm

钢丝绳-φ1.5

滑轮

滑轮

（室内）

A部剖面详图　比例尺1:2

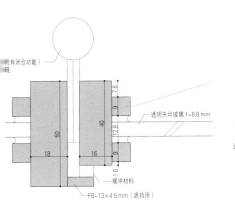

（附有闭合功能）

透明夹丝玻璃 t=6.8 mm

缓冲材料

FB-13×4.5 mm（遮挡用）

B部剖面详图　比例尺1:2

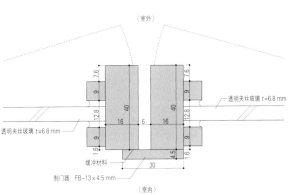

（室外）

透明夹丝玻璃 t=6.8 mm

透明夹丝玻璃 t=6.8 mm

缓冲材料

制门器 FB-13×4.5 mm

（室内）

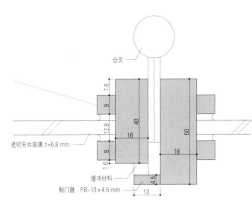

合页

透明夹丝玻璃 t=6.8 mm

透明夹丝玻璃 t=6.8 mm

缓冲材料

制门器 FB-13×4.5 mm

C部剖面详图　比例尺1:2

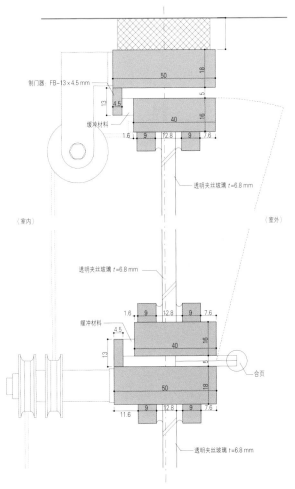

制门器 FB-13×4.5 mm

缓冲材料

透明夹丝玻璃 t=6.8 mm

（室内）

（室外）

透明夹丝玻璃 t=6.8 mm

缓冲材料

合页

透明夹丝玻璃 t=6.8 mm

左上：上部开口。门窗上装有钢丝绳和滑轮，通过底部金属卡扣的上下移动实现门窗的开合/右上：金属卡扣的细节之处。为使门锁能顺畅地上下移动，将其外层保护套的滑道设计成曲线/左下：黄铜制门把手/右下：与门窗一起订制的把手、插销

THE BLEND INN

设计　Tato Architects/岛田阳建筑设计事务所
施工　Techno Trust
所在地　大阪府大阪市此花区
THE BLEND INN
architects: TATO ARCHITECTS / YO SHIMADA

东侧外观。1层有餐桌和共享厨房，2层和3层为客房，顶层是带露台的旅馆（简易住所）。为了与该地区的建筑相融合，建设出略带陈旧感的外墙，THE BLEND INN 将旧浇筑模板对半切，在其背面筑混凝土进行二次利用

北侧（玄关位置）外观。建筑总体高9 m，为了确保2、3层客房的3 m层高，将1层的层高减低至2.4 m。
建筑东侧，宅基地内小路整体铺设砖石，以契合本建筑项目设计理念，打造出一个与旅舍同样的开放空间。
基础工程施工时挖起的砖石充当一部分铺设材料

BLEND INN

1层餐厅。1层餐厅与2层之间由通风口贯通，使得两个空间呈现出一体感。阳光照射进落地窗，空间的开放感油然而生。墙壁与房梁的厚度均为220 mm，地面厚度为150 mm。由图可见横梁与悬挑板

建筑方案——重觅城区魅力

本建筑旨在通过建造新建筑焕发城区魅力。最开始实施这个项目的是一位热爱此地的诗人及其经营民宿的好友，两人打算建造一个以宿舍为主的青年旅舍。该城区一方面靠近大阪市中心，而另一方面又充盈着乡土与自由的气息，吸引许多艺术家前来居住，是一个多元化的宜居空间。此外，旅舍的选址位于日本环球影城和大阪电车站中间，与这两个地方都仅隔两站路，颇具商业潜力。只是用于购买土地和兴建房屋的资金筹措困难，计划在寻找地皮的阶段就遇上难题。就在这时，当地的一个老牌房地产公司愿意在自己的地皮上兴建房屋，然后转租给两人并由他们负责内部装修。这样一来，计划就变得更加吸引人，他们期待着城区焕发魅力。

为了显示经营形式，我们首先设计建造公用的楼体结构。然后加入隔断墙并将家具重组用于客房的空间。此外，我们还对手头上的东西进行DIY，物尽其用。来到这家旅舍体验上述DIY设计，便可尽情感受这个城区的生活智慧以及设计师的匠心独运。

起初诗人将旅舍一部分作为活动场所，为了使该处更贴近城区生活，在此建造一个独立的小房子。房子的设计和建造委托给Dot Architects，该设计名为"THE BLEND STUDIO"（详见82页），目的在于加深与城区的联系。

1层有为住客准备的共享厨房和大餐桌。鉴于正对此处的宅基地小路也属于同一家房地产公司，我们要求重修道路，利用翻整宅基地挖出的砖石和透水砖横向铺满整条路，模糊房屋与周边的界线，由此营造出开放的氛围。

（岛田阳）
（翻译：朱佳英）

设计：建筑：Tato Architects/岛田阳建筑设计事务所
　　　结构：满田卫资结构策划研究所
　　　设备：山崎设备设计
施工：Techno Trust
用地面积：188.83 m²
建筑面积：119.47 m²
使用面积：298.44 m²
层数：地上3层
结构：钢筋混凝土结构
工期：2016年4月—2017年3月
摄影：日本新建筑社摄影部（特别标注除外）
（项目说明详见第163页）

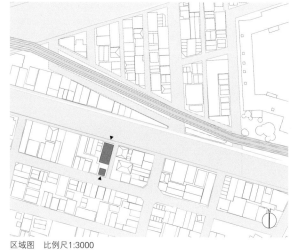

区域图 比例尺1:3000

3层平面图

2层平面图

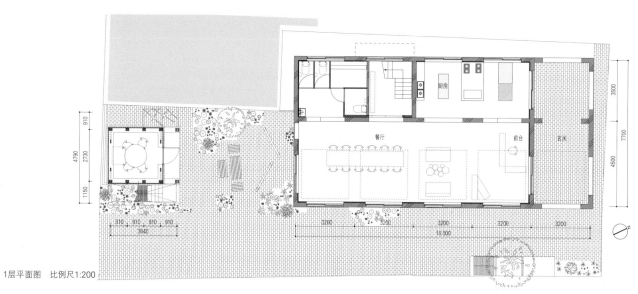

1层平面图 比例尺1:200

"THE BLEND STUDIO" 建于宅基地南面,由诗人负责经营。庭院上方挂有网布连接两个建筑

3层角落的2人间。透过窗户可以看到通向屋顶的螺旋式扶梯。墙壁采用木纤维水泥板，增强隔热与隔音效果。在墙体结构合理情况下，最大限度保证窗户面积

沿通风口设置的公共盥洗台和休息区。左侧为浴室和厕所。
Tato Architects负责该部分内部设计，风格与周围街道一样融合多种元素

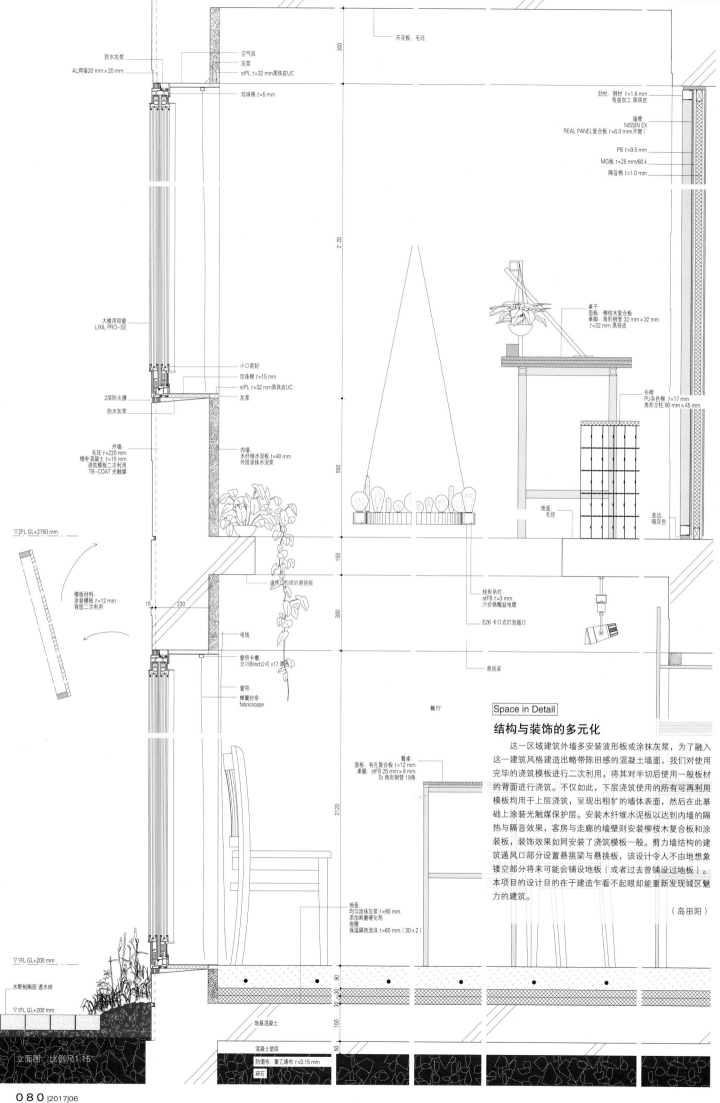

防水灰浆
AL焊接20 mm×20 mm

空气层
灰浆
stPL t=32 mm黑铁皮UC

珍珠棉 t=5 mm

肋柱: 钢材 t=1.6 mm
弯曲加工 黑铁皮

墙壁:
NISSIN EX
REAL PANEL复合板 t=6.0 mm(不燃)

PB t=9.5 mm
MG板 t=25 mm/80 k
隔音棉 t=1.0 mm

大楼用铝窗
LIXIL PRO-SE

桌子
面板: 椰桉木复合板
桌脚: 角形钢管 32 mm×32 mm
t=32 mm 黑铁皮

小口密封
珍珠棉 t=15 mm
stPL t=32 mm黑铁皮UC
灰浆

2层防火膜
防水灰浆

长椅
PU杂色棉 t=17 mm
角形立柱 90 mm×45 mm

外墙:
毛坯 t=220 mm
增补混凝土 t=15 mm
浇筑模板二次利用
TB-COAT 光触媒

内墙:
木纤维水泥板 t=40 mm
外层涂抹水泥浆

地面:
毛坯

▽2FL GL+2750 mm

底边:
暗灰色

模板材料:
涂装模板 t=12 mm
背面二次利用

通风孔四周的悬挑板

枝形吊灯:
stFB t=3 mm
六价铬酸盐电镀

E26 卡口式灯泡插口

电线

15   220

窗帘卡槽:
立川Blind公司 v17 黑色

悬挑梁

窗帘:
蝉翼纱帘:
fabricscape

餐厅

Space in Detail

结构与装饰的多元化

　　这一区域建筑外墙多安装波形板或涂抹灰浆,为了融入这一建筑风格建造出略带陈旧感的混凝土墙面,我们对使用完毕的浇筑模板进行二次利用,将其对半切后使用一般板材的背面进行浇筑。不仅如此,下层浇筑使用的所有可再利用模板均用于上层浇筑,呈现出粗犷的墙体表面,然后在此基础上涂装光触媒保护层。安装木纤维水泥板以达到内墙的隔热与隔音效果,客房与走廊的墙壁则安装柳桉木复合板和涂装板,装饰效果如同安装了浇筑模板一般。剪力墙结构的建筑通风口部分设置悬挑梁与悬挑板,该设计令人不由地想象镂空部分将来可能会铺设地板(或者过去曾铺设过地板)。本项目的设计目的在于建造乍看不起眼却能重新发现城区魅力的建筑。

(岛田阳)

餐桌:
面板: 有孔复合板 t=12 mm
桌腿: stFB 25 mm×9 mm
St 角形钢管 19角

地面:
均匀涂抹灰浆 t=90 mm
添加耐磨硬化剂
地暖
保温隔热泡沫 t=60 mm (30×2)

▽1FL GL+200 mm

水野制陶园园 透水砖

▽1FL GL+200 mm

地基混凝土

混凝土垫层
防潮布: 聚乙烯布 t=0.15 mm
碎石

立面图 比例尺1:15

参考其他楼顶增建的小屋，搭建具有温室效果的晾晒间。树立3根柱子用于夏季搭设遮阴棚

"脚踏实地"的内部空间

垂直面（墙与梁）220 mm，水平面（地板）150 mm，厚度统一的板状结构要素加上规整的网格布局，形成结构简洁的3层墙体承重钢筋混凝土建筑。剪刀墙结构规定承重墙高度大于门槛到门楣高度的30%，与最长的建筑基线3200 mm形成对称，并且要满足角落墙壁达到上述规定。在此基础上决定楼体与窗户的关系（在满足规定的同时将窗户开到最大）。1层的通风口部分设有横梁与短悬挑板（一般来说这些要素并不讨喜），但此设计却能保证墙体（玻璃护栏）同一厚度，此外，悬挑板的设置又使得楼体内部"脚踏实地"的感觉进一步强化。

（满田卫资/满田卫资结构计划研究所）

左上：通向3层洗手间与左右房间的过道/右上：通向楼顶的旋转楼梯。与1层玄关相连的楼梯间/左下：前台周围。利用楼体的梁柱制作出架子/右下：通风口上的2层小屋

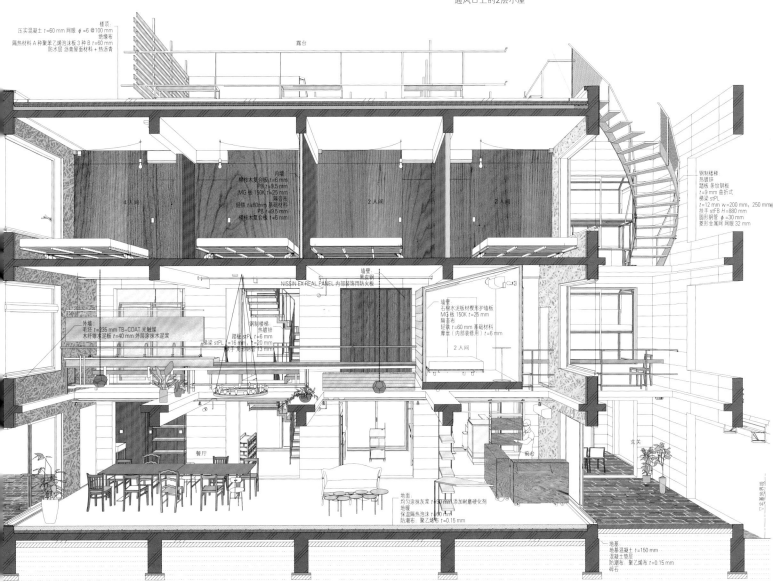

剖面图　比例尺1:80

THE BLEND STUDIO

设计施工　Tato Architects
所在地　大阪府大阪市此花区
THE BLEND STUDIO
architects: DOT ARCHITECTS

从砖铺庭院可见1层是诗人的工作室，沿铁架室外楼梯上到2层是儿童空间。外墙选用石棉水泥板材质的楔形护墙板，并在上面涂抹防水材料。该建筑为自建

与城区共享建造过程

考虑与城区的联系而采用自建方式时，一个行之有效的方法是让周围的人们看到谁负责建造，以怎样的过程与工期一步步完成建造。有时会有街坊路过，问道："这是什么风格的蛋糕店呀？"或者还有嘴里衔着烟的绅士说："开香烟店啊？"往往闲聊就此展开，于是施工场地成为双方交换信息的场所。人们看过施工现场就会饶有兴致地推测建筑的规模以及凭借自身对城区的构想推测其用途。另一方面，也有担心城区发生改变的人，他们猜测主楼是面向外国游客的民宿而小房子则是"导游亭"。直至完工我们才告知前来询问的街坊，这是"文化中心"，而大家也都欣然接受。正因为当地有这样的文化思想，这个小楼才有望与人们结下深厚的友谊。

（赤代武志）

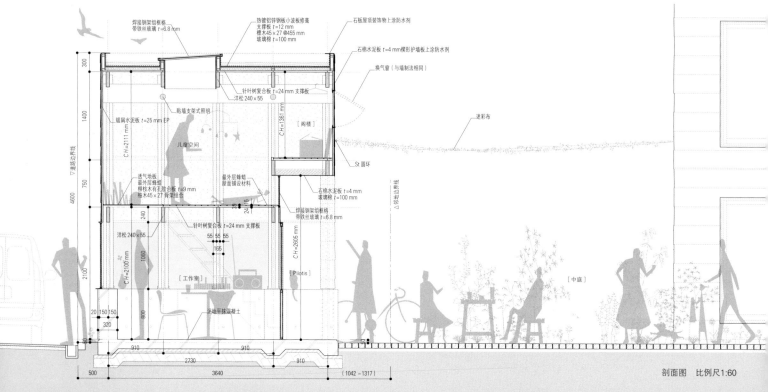

剖面图　比例尺1:60

设计：建筑：Tato Architects
结构建议：满田卫资结构设计研究所
施工：Tato Architects
用地面积：30.15 m²
建筑面积：14.12 m²
使用面积：21.58 m²
层数：地上2层
结构：木质结构
工期：2016年12月—2017年5月
摄影：日本新建筑社摄影部（特别标注除外）
（项目说明详见第163页）

1层工作室。4面安装带铁丝网的玻璃窗，可开阔视野。横梁嵌于两柱之间，以螺栓固定，插入打进基底墙的配线管，空隙由楔子填补

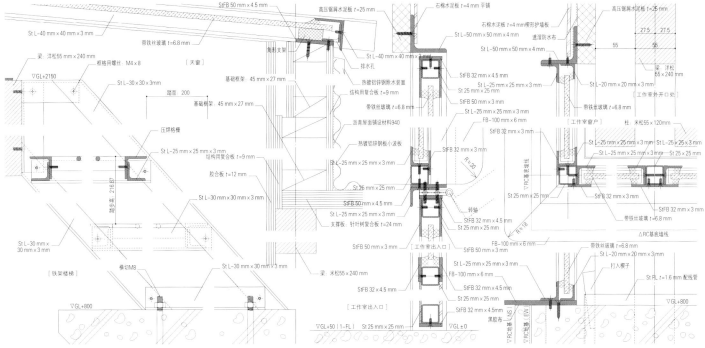

详细图纸　比例尺1:5

上：施工场景。从宅基地南面拍摄
右：儿童空间2层。利用天窗及阁楼下方玻璃窗采光

Space in Detail　**独特的制作方法**

　　本建筑一律不使用在其他地方加工好的建材，所选建材均为易在附近市场淘到的一般材料。随后直接拿到施工现场以独特的方式利用手工器具进行加工，如此一来便可随意进行部分修改或更新。虽无焊接技术、高级工具及建筑师资格证，却可把握细节。自己钻孔，用手工丝锥切出螺丝，对需要焊接的材料自行拼装。使用者也可看出组装顺序，今后可根据用途的改变做出调整。这样一来，器具的更新不再只依靠设计者，使用者也可加入其中。

（赤代武志）

时间仓库 旧本庄商业银行砖瓦仓库

设计　福岛加津也 + 富永祥子建筑设计事务所
　　　早稻田大学 旧本庄商业银行砖瓦仓库保存・改建项目（合作设计）

施工　清水建设

所在地　埼玉县本庄市

WAREHOUSE OF TIME　PRESERVATION OF THE COMMERCIAL BANK OF HONJO
architects: FT ARCHITECTS

1：改建前外观。1896年，当地银行为保管抵押的蚕茧建造了砖瓦仓库。此后，仓库的所有人多次更换。1977年仓库被改造为西式点心店，但于2011年停止营业。此后便开始了该仓库的改建工程，力求将其打造成为一栋属于本庄市全体市民的建筑/2～3：从砖墙中提取样品进行接缝处剪切试验/4～6：钢筋混凝土基础浇筑作业情景。使用小型施工设备以防损坏原有外墙。拆除一部分砖墙根基，并在布置钢筋的同时控制好钢筋与砖墙的距离

7：搬运钢筋柱时的情景，钢筋柱与钢筋梁相连。1层使用直径为165.2 mm的钢筋柱，2层使用直径为267 mm的钢筋柱/8：1层与2层的通柱。拆除一部分屋顶板，利用起重机搬运通柱/9：垂直插入钢筋柱。由于钢筋柱能够插入砖墙、窗、木桁架、木梁以及柱子的模数空隙中，因此改建时可最小限度拆除原有材料/10：1层垂直插入钢筋墙柱。利用干式施工法与原有结构相结合的方式增强抗震性，将来也可拆除钢筋墙柱/11：1层墙柱与2层钢筋梁的接缝处

12：为了不阻碍原有地面，2层的钢筋梁高出地面10 mm/13：连接砖墙和2层钢筋梁的金属架/14.屋顶瓦片与屋顶板之间留出80 mm的间隙用于插入铁板。坡屋顶由梁柱一体的构架构成，以确保其保抗震性/15～16：内部装饰的灰浆已经老化，为了不损坏砖墙和接缝处，利用喷淋清洗的方法将其清除

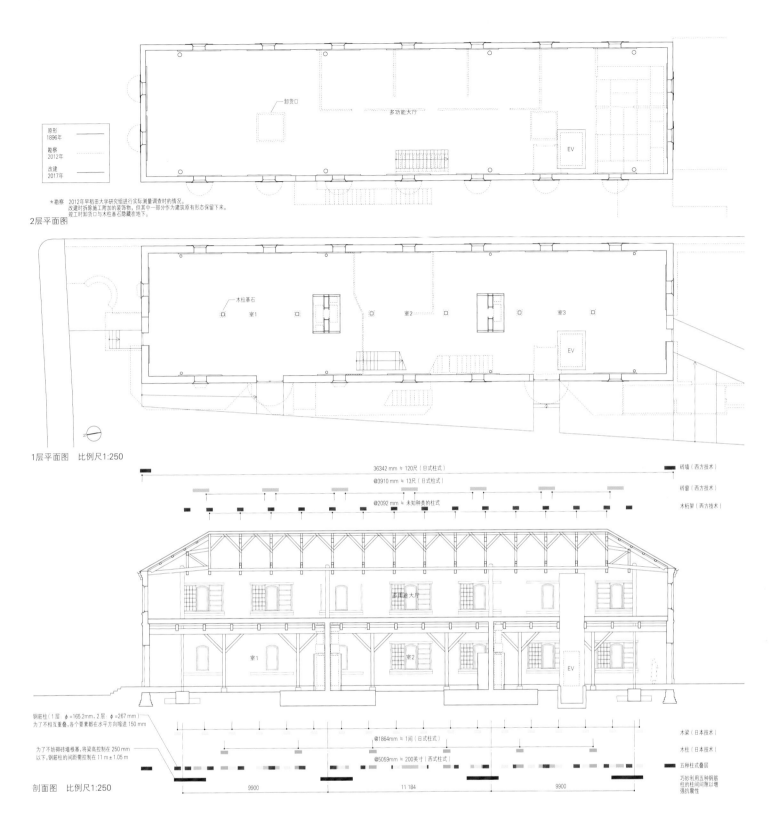

2层平面图

* 勘察 2012年早稻田大学研究组进行实际测量调查时的情况。
改建时拆除施工附加的装饰物，但其中一部分作为建筑原有形态保留下来。
竣工时卸货口与木柱基石隐藏在地下。

1层平面图　比例尺1:250

36342 mm ≈ 120尺〔日式柱式〕　　　　　　　　　　　　　砖墙〔西方技术〕

@3910 mm ≈ 13尺〔日式柱式〕　　　　　　　　　　　　　砖窗〔西方技术〕

@2092 mm ≈ 未知种类的柱式　　　　　　　　　　　　　　木桁架〔西方技术〕

多功能大厅

室1　　　　　室2　　　　　EV

钢筋柱（1层　φ=165.2mm，2层　φ=267 mm〕
为了不相互重叠，各个要素都在水平方向缩进 150 mm

为了不妨碍砖墙根基，将梁高控制在 250 mm
以下，钢筋柱的间距需控制在 11 m±1.05 m

@1864mm ≈ 1间〔日本技术〕　　　　　　　　　　木梁〔日本技术〕

@5059mm ≈ 200英寸〔西式柱式〕　　　　　　　　木柱〔日本技术〕

五种柱式叠层

巧妙利用五种钢筋
柱的柱间以增
强抗震性

剖面图　比例尺1:250

9900　　　　　11 184　　　　　9900

有考古价值的建筑

此建筑为1896年由砖瓦建造的仓库。120多年前，清水店（现清水建设）负责设计施工，为了保管在当时非常贵重的蚕茧，采用了当时最新的技术。我们可以看到它拥有由高质量的砖瓦、柱撑式三角桁架所形成的9 m×36 m无柱空间以及可以换气和调整湿度的门窗等。之后，该建筑作为产业遗产被列入日本国家有形文化遗产中，与此同时，为了将其打造成本庄市的交流据点，实施了改建计划。

早稻田大学的研究团队在进行调查时，发现了以下问题：一、虽然目前原有的砖墙和木架屋顶作为结构材料没有太大问题，但是短边方向的承载力不足；二、竣工时的详细图纸已经遗失，而且这个建筑原本作为个人所属财产还进行过多次改装。该研究团队与建筑师一同合作，探讨出了两个改建主题：一是尽量不损坏原有的砖墙和木桁架所组成的空间结构，在此前提下增强抗震性；二是把曾经改装的痕迹作为历史的见证，从现实的角度考虑空间的设计。改建时使用钢筋结构来增强抗震性，力求达到与现代建筑同等级的抗震性能。水平方向的2层地面和屋顶相结合使得原本欠缺的短边方向的承载力有所增强，而且完工后完全看不出这一变化。此外，巧妙利用垂直方向的柱子、墙壁、原有砖墙使占用的空间达到最小，这一点与之前的砖瓦结构形成了鲜明对比。

原有建筑将先进的西方技术与传统的日本技术相结合，日式柱子与西式柱子巧妙混用。在增强抗震方面，我们慎重考量这一建筑结构之后再插入钢筋柱，以便将来便于拆卸。

由于有关当年竣工时的资料不足，改建所需预算也不充裕，所以我希望能以小规模试验的方式来考虑此次改建的情况。时间不能倒流，只有拼接历史的碎片才能面向未来。这是建筑考古学的观点，也是在改建古建筑时需要建筑师参与的原因。实地考察的时候，建筑师可能看上去什么也没做，但结果是他们最大限度地保留了原有建筑风貌，这对建筑本身来说是最难能可贵的。

（福岛加津也）

（翻译：张凤）

西侧外墙。明治后期，当地银行为了保管抵押的蚕茧用砖瓦建造了一个两层的仓库，如今这一仓库的保存改建计划开始实施。
插入钢筋结构，在水平方向利用干式施工法衔接钢筋柱。屋顶以及2层地面。这种方法实现了钢筋柱的可拆除性并且增强了
抗震性。尽管在一般情况下，原有结构足以支撑整栋建筑，但是在大地震时，就需要原有结构与加固结构一同支撑

1层内景。原有建筑采用了西方技术，如砖墙、由木桁架构成的屋顶等，同时也使用了木质结构这一从古流传至今的日本技术。该建筑全长36.36 m，柱子间距为5.08 m，混合使用了日式柱式和西式柱式。改建时决定配置8根钢筋柱和4根钢筋墙柱

2层内景。每个木桁架相隔2092 mm。钢筋梁高出原有地面10 mm，上面是地板。空调作为地面通风口安装在地板内，照明安装在房梁上。屋顶部的砖瓦与屋顶板之间除了插入厚2.3 mm抗震用的钢板之外，还插入隔热材料和防水材料

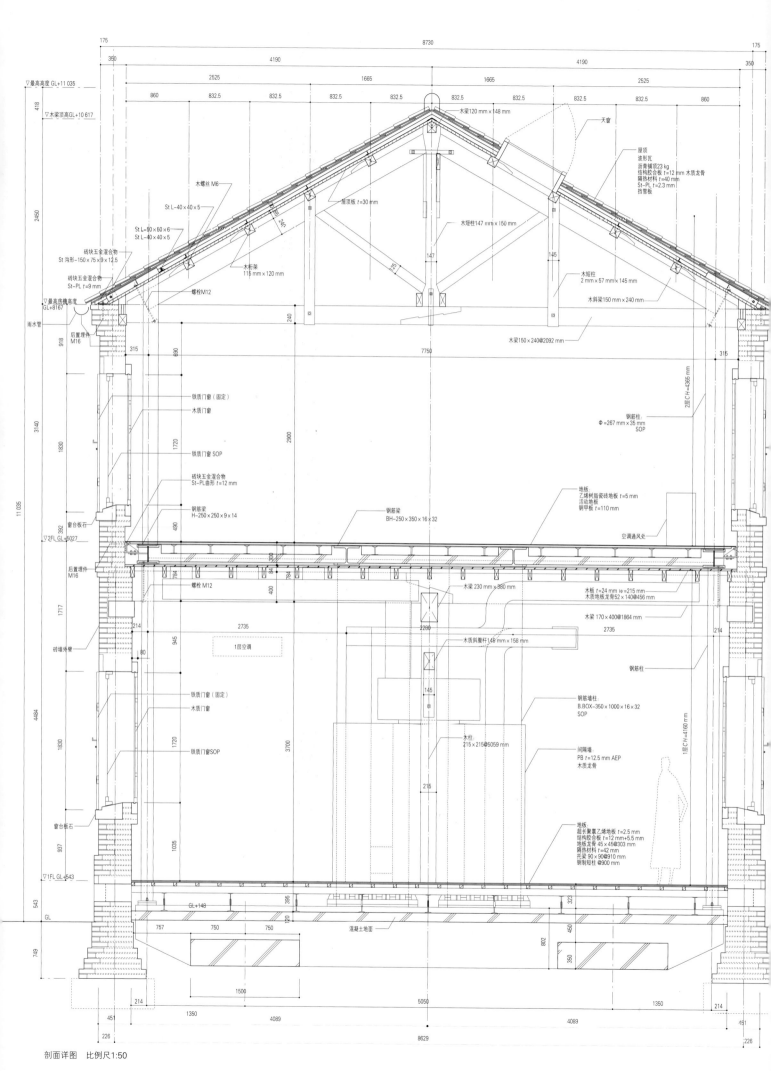

剖面详图　比例尺1:50

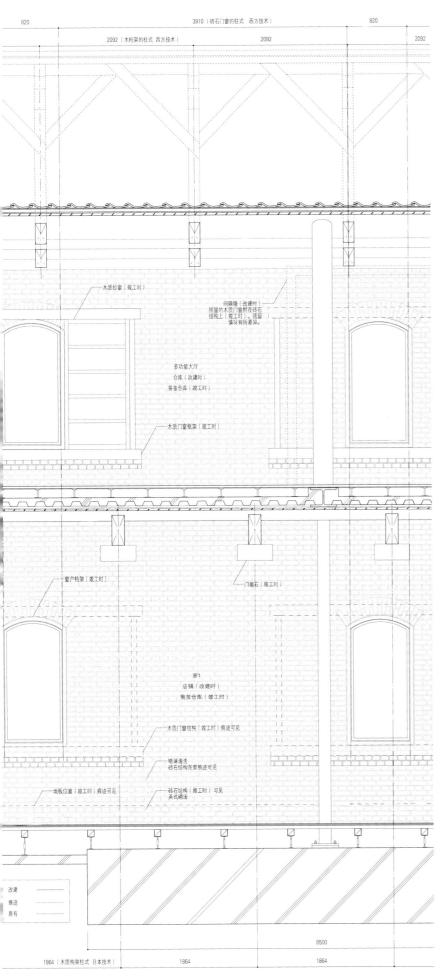

纵向剖面详图（左图）标注：

820　3910（砖石门窗的柱式　西方技术）　820

2092（木桁架的柱式　西方技术）　2092　2092

木质纱窗（竣工时）

间隔墙（改建时）
残留的木质门窗侧在砖石结构上（竣工时）。残留情况有所差异。

多功能大厅
仓库（改建时）
蚕茧仓库（竣工时）

木质门窗框架（竣工时）

窗户构架（竣工时）

门楣石（竣工时）

室1
店铺（改建时）
蚕茧仓库（竣工时）

木质门结构（竣工时）痕迹可见

喷淋清洗
砖石结构灰浆痕迹可见

地板位置（竣工时）痕迹可见

砖石结构（竣工时）可见英式砌法

改建
痕迹
原有

6500

1864（木质构架柱式　日本技术）　1864　1864

纵向剖面详图　比例尺1:50

剖面详图（右图）标注：

钢筋梁
普通钢 80 mm×330 mm
St L-50×50×6
St L-40×40×5

屋顶
波形瓦
沥青铺顶23 kg
结构胶合板 t=12 mm 木质龙骨
隔热材料 t=40mm
St-PL t=2.3 mm
挡雪板

砖块五金混合物
St 沟形-150×75×9×12.5

砖块五金混合物
St-PL t=9 mm
后置埋件
M16

屋顶板 t=30 mm

木斜梁 150 mm×240 mm
木梁150×240@2092 mm

20

133

140

螺栓 M12

雨水管

螺栓 M18

60

50

钢筋柱
φ=267 mm×35 mm
SOP

315

267　181.5

350

外壁 砖石结构

砖块五金混合物
St-PL曲形 t=12 mm
后置埋件
M16

强力螺栓 4-M16

钢筋梁
H-250×250×9×14

55

木板　t=24 mm w=215 mm
木质地板龙骨 52×140@456 mm
木梁　170×400@1864 mm

30　25

螺栓 M18

垫面 t=9 mm
螺栓 M12

钢筋柱
φ=165.2 mm×7.1 mm
SOP

门楣石
351 mm×210 mm×480 mm

165.2　131

451

60

换气口
w=347×h=235 mm
生铁制五金换气
铝网

214

灰浆砖石45 mm×60 mm

外壁
砖石结构

St-BPL t=25 mm

235

120

57

268

锚固螺栓2-M16

GL

157　27

30　30

50　50

剖面详图　比例尺1:20

Space in Detail　混合采用多种施工法及多种柱式

该建筑使用了三种施工法及五种柱式（模数）。采用西方技术制成砖墙、砖石门窗和木桁架，采用日本技术制成木梁及柱子，分别使用了尺、间、英寸等不同的模数。多种施工法与柱式并存可以推测出与空间机能和素材性能相对应的现实情况，也可以呈现出一种既紧密又空旷的感觉。在此次改建项目中，把钢筋柱插入五种柱式的空隙中，希望能够在保持原有空间的基础上，利用现代技术增强抗震性。

（金田雄太/福岛加津也+富永祥子建筑设计事务所）

图片提供：福岛加津也+富永祥子建筑设计事务所

1·5：卸货口。竣工时，开口部安装在2层地板上用来搬运货物。该建筑原本有两处卸货口。改建时，位于南侧的一处被堵上胶合板。除此之外，还可以看到用于增强抗震性的钢筋梁与钢甲板/2·6：阶梯。新建的阶梯与当初竣工时的阶梯方向相同。将木梁移动到更符合现行建筑法则的地方。同时保留了榫眼的痕迹/3·7：1层北侧窗户。改建时拆除竣工时的木质门窗，在重新涂刷内部装饰时采取喷淋清洗的方式以避免损伤砖墙，木质门窗与灰浆的痕迹有所残留/4·8：1层出入口。改建时，拓宽窗户作为出入口，而且拆掉的一部分砖石结构用钢筋混凝土进行加固。

痕迹与原形

此建筑拥有两种不同的空间感觉。一种是历经120多年的岁月洗礼所呈现出的亲和感，另一种是保持竣工时的原有形态所呈现出的厚重感。此次保存改建项目除了利用钢筋结构来增强抗震性外，还最小限度地修补了破损部分，其设计主题是时间的叠加。首先，拆除难以继续使用的部分以及施工时添加的室内装修。展现原有空间的同时，保留部分原有痕迹。不过，这些保留的痕迹也有存在问题的地方。比如，在砖石结构中打的窟窿。改建时并没有把这些窟窿添堵上使砖石恢复原状，而是将窟窿作为原本就存在的一部分进行了修补。还有就是在拆除原有材料中严重劣化的内壁灰浆后，灰浆的痕迹仍有一部分残留，岁月的痕迹和建筑原形展现了一种莫名的亲和感，也体现出了历史的厚重感，这样的空间能够使人们感觉到建造年代久远的古建筑其实就在我们的身边。

〔金田雄太/福岛加津也+富永祥子建筑设计事务所〕

1层入口。钢筋墙柱周围为设备区

西侧外观。宿场町是本庄市繁华时期的中心地带，面向旧中山道

设计：福岛加津也＋富永祥子建筑设计事务所
设计合作：早稻田大学 旧本庄商业银行砖瓦
　　　　　仓库保存・改建项目
　　结构：新谷真人　山田俊亮
　　设备：环境工程有限公司
　　施工：清水建设
用地面积：1193.7 m²
建筑面积：402.29 m²
使用面积：711.33 m²
　　层数：地上2层
　　结构：钢筋
　　工期：2015年4月—2017年2月
　　摄影：日本新建筑摄影部（特别标注除外）
（项目说明详见第164页）

支撑本庄纺织业的砖瓦仓库

　　蚕蛹产出的蚕茧是生产柔滑丝绸的原材料，也是一种季节性材料。明治5年（1872年），随着富冈制丝厂的建成，本庄市也成为蚕茧交易的重要场所，发展得特别繁荣。远至谏访市的大型企业都纷纷来到本庄收购蚕茧。在这样的收购竞争中，为了能够让本地的中小型制丝企业脱颖而出，市民们以融资的形式设立了本庄商业银行。明治29年（1896年），为保管抵押的蚕茧建造了"旧本庄商业银行砖瓦仓库"。

　　富冈制丝厂是木质框架与砖瓦相结合建成的建筑，这一点广为人知。然而，本庄砖瓦仓库则是只使用砖块而建成的砖瓦结构建筑，当然除此之外也使用了明治时期流传到日本的柱撑式三角桁架。同时，它还拥有可以通气的门窗、可以调节湿度的灰浆墙壁等。本庄砖瓦仓库所拥有的多功能性随处可见，可以说是明治时期名副其实的高科技建筑。

　　早稻田大学根据抗震检查的结果制定了增强抗震性的方案。他们通过调查历史资料来了解建筑背景等信息，从而开启了涵盖结构・历史・环境・材料・城市规划等多个视角的项目方案。设计者和研究者共享信息后，提出了一个尊重明治时期建筑技术的新型保存改建项目计划。本庄砖瓦仓库是支撑本庄市发展的功臣，由衷地希望本庄市民能够珍惜它并且一直使用下去。

（本桥仁/京都国立近代美术馆特定研究员・前早稻田大学建筑系助教）

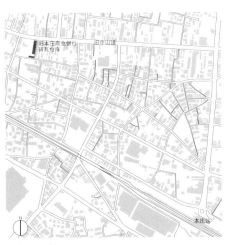

区域图　比例尺1:10 000

西侧全景

丰中市立文化艺术中心

设计　日建设计

施工　大林组·河崎组特定建设工程企业联营体

所在地　大阪府丰中市

TOYONAKA PERFORMING ARTS CENTER

architects: NIKKEN SEKKEI

丰中市立文化艺术中心的大礼堂和展厅由陈旧建筑物改建而成，建筑内拥有多功能会议室等设施，成为丰中市民开展文化、艺术活动的新场所。该建筑由钢筋混凝土建造而成。照片中可见与艺术中心休息室相连的屋顶露台和花园

孕育地域文化的艺术中心

丰中市经常举办市民文化艺术活动，丰中市立市民会馆自建馆以来深受市民喜爱，已经走过了44个春秋。如今建筑变得老朽陈旧，所以这次将其作为文化创造场所进行了重建。不仅要把该建筑打造成高性能的艺术中心，更要让它成为众人能够聚集的"城市建设点"。为此，在创意上下了许多功夫。该建筑内部宽敞，能够容纳很多人，市民不仅可以自由使用，还可以放心在此聚集。同时由于该地经常举办各种各样的活动，导致人口密度急剧增长，设计时对于这些因素也进行了周密的考量。为了能够让人们自然地接触艺术文化，丰中市立文化艺术中心的内部空间按照广场→大厅→咖啡店→开放式休息室→回转长廊→会议室・展览室→礼堂的顺序，从公共性能高的场所开始把空间连接起来，采用了回环式的设计。去咖啡店的客人和散步的人也能够顺便观赏多样的文化艺术活动，这便是该建筑的整体设计思路。此外，可调控开放性多功能会议室就建在长廊的对面，所以即使是开会时也能够自然而然地和市民融为一体。

建筑用钢筋混凝土搭建而成，5万个混凝土块全部由手工堆砌完成。这种混凝土墙壁可以在喜欢的地方安装展示钉，就像大学校园一样可以自由使用。在这里，多形式多层次的活动源源不断，丰中市立文化艺术中心作为艺术活动场所逐渐成熟起来。

（江副敏史／日建设计）

（翻译：迟旭）

开放式休息室、礼堂和展览室、多功能展厅位于正中央，各个房间紧密连接，顶棚约6 m高。开放式休息室·咖啡店·长廊·展览室·多功能展厅·大小礼堂休息室·会议室，这些地方的地面都铺着19 mm厚，长度不一的相思木无垢实木地板，整体设计呈现田间风格。混凝土块大小为540 mm×357 mm×150 mm

空间细节

    混凝土块采用喷射加工,强弱程度不同。彼此错开±3 mm堆砌,形成有凹凸感的墙面,打造出怀旧温暖的感觉。这些混凝土块不仅具有框架的功能,而且和浇筑混凝土一样,具备结构承重力。

    框架结构所需的墙壁厚度为360 mm,以此作为平面模数。将台阶的梯面、踏面和开口部分尺寸等因素都考虑在内,把一个混凝土块的规格定为360 W×540 L×150 H。

    把只有结构壁和楼板的构架作为住宅层高的标尺(3150 mm),这样可以使上下层更加紧密。另外,在所有混凝土墙壁上都可以安装展示钉,就像大学校园一样,供全体市民自由使用。

    (多喜茂、萩森薫/日建设计)

190

±3 mm

RC化

结构壁
(喷射式粗糙面加工)
(±3 mm堆砌)

中等强度

360

高等强度

可拆卸式金属挂钩
(展示用)

开放式休息室

低等强度

细密平行线条
喷射加工

@2700

混凝土块表面处理情况。三种(强度:低·中·高)喷射方法,混凝土块采用凹凸堆砌方法,土块前后的凹凸值控制在3 mm,堆砌方式没有规律,是工人根据现场情况边调整边堆砌而成的

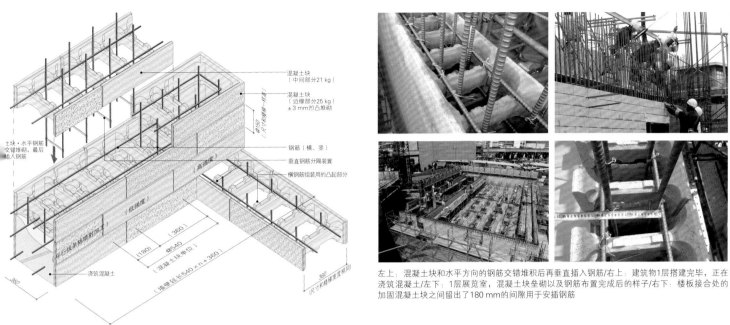

左上：混凝土块和水平方向的钢筋交错堆积后再垂直插入钢筋/右上：建筑物1层搭建完毕，正在浇筑混凝土/左下：1层展览室，混凝土块垒砌以及钢筋布置完成后的样子/右下：楼板接合处的加固混凝土块之间留出了180 mm的间隙用于安插钢筋

混凝土轴测图

混凝土块轴测图　比例尺1:25

- 混凝土块（中间部分21 kg）
- 混凝土块（边缘部分25 kg）±3 mm凹凸堆砌
- @150（尺寸和楼梯宽度相同）
- 钢筋（横、竖）
- 垂直钢筋分隔装置
- 横钢筋组装用的凸起部分
- （高强度）
- （低强度）
- 浇筑混凝土
- 土块·水平钢筋交错堆砌，最后插入钢筋
- 左右残余格栅喷射加工
- 浇筑混凝土
- 360
- (180)　(360)　@540
- （混凝土块单位）
- 混凝土块长540×n+360
- 360

墙面部分详图　比例尺1:10

- 构造壁（大孔喷射加工，±3 mm凹凸堆砌）
- 178.5　178.5
- 会议室
- @150
- 交差部分加固钢筋4-D19
- 结构壁（大孔喷射加工，±3 mm凹凸堆砌）
- 200
- 150
- 金属挂钩@1080（承重50 kg）（1FL+2325）
- 特别展览室
- 垂直钢筋D16@180加倍
- 水平钢筋D16@150加倍
- @150 mm
- 2850　3150
- 2FL
- 20　270　300　450　10
- 3150
- 2700
- 1FL
- @2700

- 栏杆安装PL FB：165 mm×19 mm（连贯）
- 六角孔皿状螺栓 M12×4 @900 mm
- 回转长廊
- 复合地板（相思木）t=19 mm
- 胶合板 t=12mm
- 缓冲材料 t=6 mm
- 胶合板 t=12 mm
- 自动喷水系统 主要配管（~65 φ）
- 2FL（1FL+3150）
- 软管（设备工程）
- 衬垫物
- 地板搁栅：45 mm×45 mm @303 mm
- 搁栅托梁：60 mm×90 mm @900 mm
- GW t=100 mm 含张数 24kg/m³
- 钢管89.10 t=2.3 mm 最高处板块附带边沿 L=300 mm
- GW充填
- L-125 mm×90 mm×10 mm L=200 mm
- 自动喷水器头部（附带装饰板）
- 89.1
- 测筋混凝土装饰原浆混凝土
- 美术馆画廊
- 复合地板（相思木 t=19 mm长度不一，打造田园风格）
- 胶合板 t=12 mm
- 毛毡地垫 t=6 mm
- 1FL
- 2340（画廊宽度）
- 2700
- 1175　1200
- 25　19　24
- 160　109

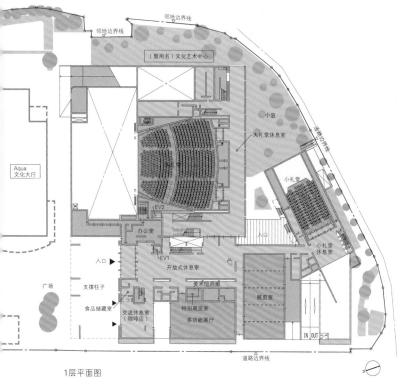

1层平面图

2层回转长廊。右侧明亮的通风处是中庭，顺着面前的楼梯上去，就是屋顶露台

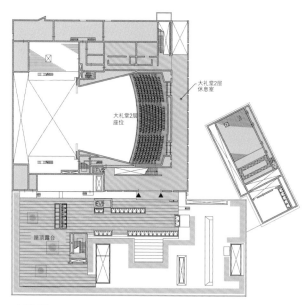

3层平面图

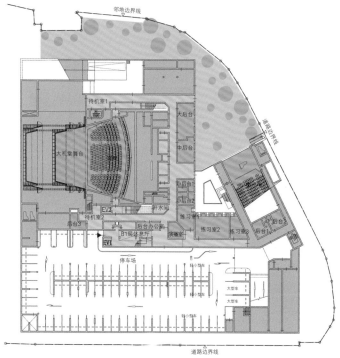

地下1层平面图　比例尺1:1200

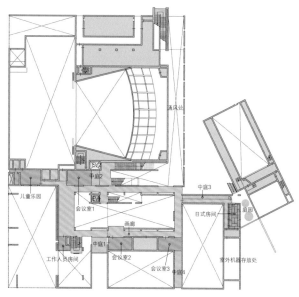

2层平面图

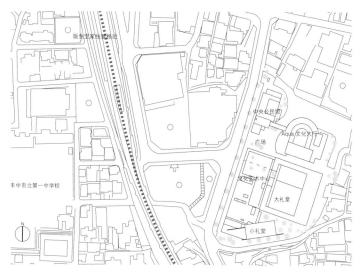

区域图　比例尺1:4000

设计：建筑/结构/设备：日建设计
施工：大林组・河崎组特定建设工程企业联营体
用地面积：16 660.11 m²
建筑面积：6624.67 m²
使用面积：13 425.30 m²
层数：地下1层、地上3层、阁楼1层

结构：钢筋混凝土砌筑，部分为钢筋混凝
土、钢架钢筋混凝土结构
工期：2013年9月—2016年8月
摄影：日本新建筑社摄影部（特别标注除外）
（项目说明详见第164页）

大礼堂（1344个座位）。可举办音乐会、舞台剧等，有多种用途。墙壁采用产自大阪的相思木材，能够调整回音

小礼堂（202个座位）。升起舞台后方的遮光板就能看见中庭

大礼堂和小礼堂的墙面围成了露台和中庭。外墙壁也是混凝土块（540 mm×360 mm×150 mm、大孔喷射加工）

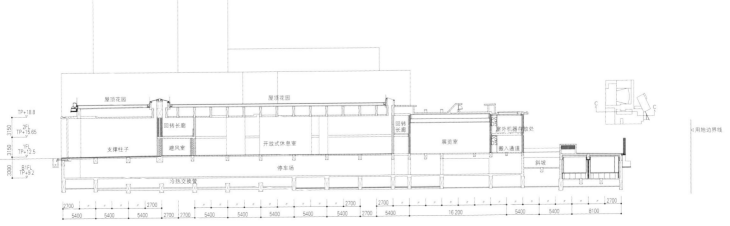

剖面图　比例尺1:600

可以眺望到东北方向。该建筑位于爱媛县伊予市，是共荣木材公司的陈列室兼会议室，拥有
m×4.2 m的大厅以及水平差为450 mm、面积为14.4 m×3.0 m的檐廊。结构材料及木质门窗使用美
木，顶棚及外壁使用落叶松木

空旷的外廊

　　该建筑名为"三秋会馆"，既是共荣木材公司的陈列室兼会议室，又可以用于演讲和开办画展，用途多样。

　　大厅与檐廊形成"空旷的外廊"。它面对悬崖而建，悬崖上可眺望到远处四国伊予重重山脉。檐廊由混凝土板块制成，部分檐廊框架向外延伸。主要结构材料为抗腐蚀性较强的美洲桧木。梁的跨度为4.2 mm，两根60 mm×150 mm的斜梁通过弯成弧形的角钢拼接形成组合桁架。提前将斜梁和钢材组合好，再用起重机进行整体施工。原材料美洲桧木来自松山港，选取几根12 m长的圆木进行加工，制成结构材料以及框架等外部建材，确保木材的充分利用。作为一栋隶属于木材公司的建筑，建造时需要考虑如何有效利用木材，所以并没有粉刷地板和墙壁等处，而是将其保持了混凝土和钢铁的原有形态。

　　室内设有集合用的长椅、凳子，还有新设计的会议用圆桌。长椅拼接起来可以变成大桌子。此外，作为演讲会场使用后还可以立刻变身为简单的交流会场，而且非常便于收拾整理。

　　该建筑通过地板和屋顶的装饰变化，使建筑的空间环境随之改变，这正体现了日本建筑的自然质朴的特性。

（手嶋保）

（翻译：李佳泽）

大厅视角。房檐顶端高度大约控制在1525 mm，既通风又遮阳。顶棚为组合桁架，由两根60 mmx150 mm的斜梁中夹着弯成圆弧形的角钢构成，两边设有60 mmx150 mm的美洲桧木。角钢与角钢之间的空隙是通风口，侧面的换气扇可以排出残留在屋顶的空气

东侧斜面俯视视角,面对岩壁而建。一部分混凝土板块向外延伸,最长达2230 mm

南侧全景

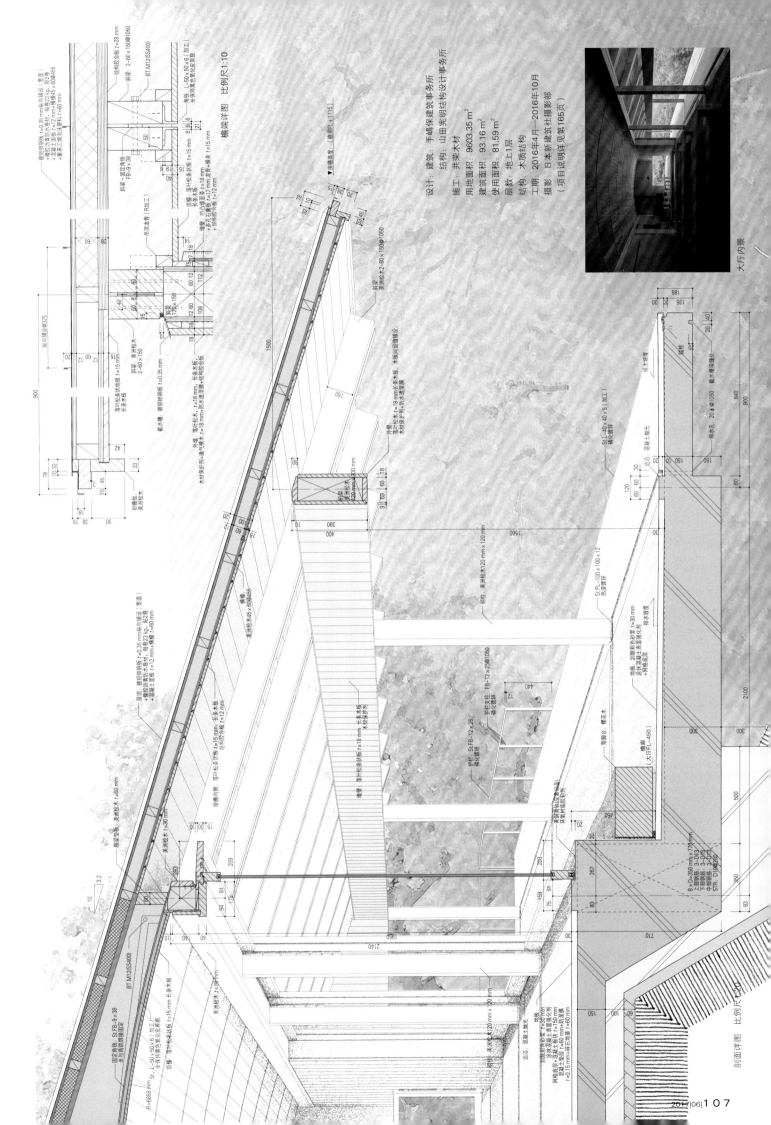

设计：手嶋保建筑事务所
结构：山田宪明结构设计事务所
施工：共荣木材
用地面积：9603.35 m²
建筑面积：93.16 m²
使用面积：81.59 m²
层数：地上1层
结构：木质结构
工期：2016年4月—2016年10月
摄影：新建筑社摄影部
（项目说明详见第165页）

大厅内景

墙端详图 比例尺1:10

剖面详图 比例尺1:20

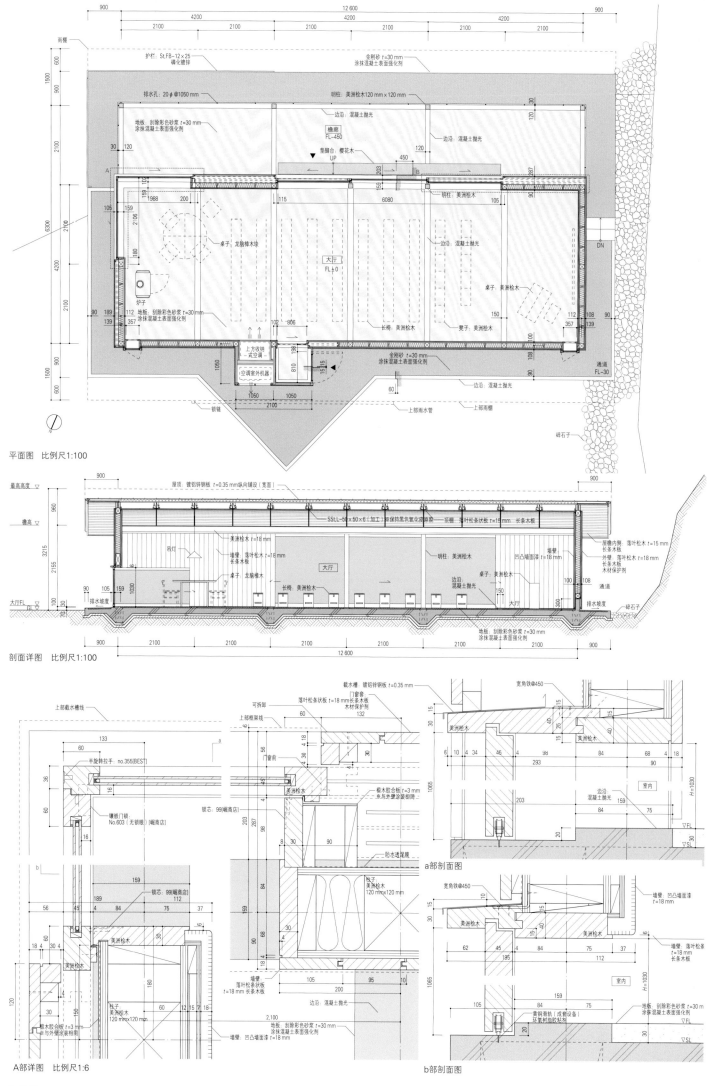

平面图　比例尺1:100

剖面详图　比例尺1:100

A部详图　比例尺1:6

a部剖面图

b部剖面图

注重细节　提高建筑质量

　　在细节方面，该建筑不仅满足了持久性和功能性，同时空间组合多样化，品质卓越。例如，一、安装在顶棚的混合桁架下弦杆的角铁，既是结构材料又是通风口，同时还是顶棚的位置余量，充分展现建筑本身柱子的多样性；二、裁开角铁，将其横切面进行角度加工；三、大型的入墙式玻璃推拉门随着使用年限的增加，下方构架会陷入地面。为了防止这一情况发生，直接在混凝土中埋好滑道。同时，混凝土和滑道直接对接的地方对精密度要求非常严格，从而使得空间密度也有所增加；四、柱脚把柱子固定于基础，并把柱子的内力传给基础。不仅如此，为了防止木材切口处吸收水分，柱脚和地板间仅留10 mm铺设木板；五、因为木材切口不能对着空气，所以想方设法把截水槽隐藏起来。房檐顶端的瓦片因此选择简单的纵向铺设。该建筑没有什么特别说明的难点，如果每一个细节都做好，就完全可以提高建筑质量。

（手嶋保）

大厅看向檐廊。内壁装饰一部分是凹凸墙面漆，一部分是落叶松条状板　　柱脚处详图。铺垫10 mm厚的钢板。地板用砂浆接缝

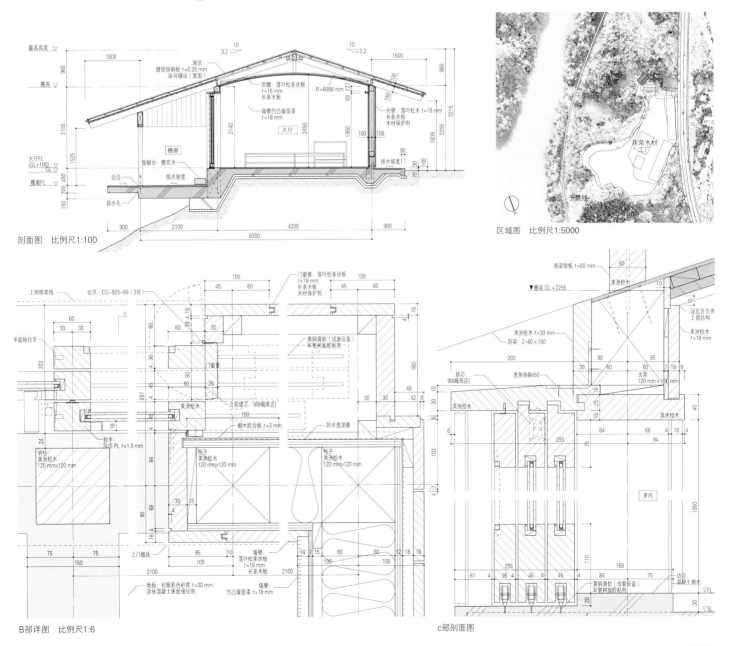

剖面图　比例尺1:100

区域图　比例尺1:5000

B部详图　比例尺1:6

c部剖面图

竹田市立图书馆

设计　盐冢隆生工作室
施工　菅组
所在地　大分县竹田市
TAKETA CITY LIBRARY
architects: TAKAO SHIOTSUKA ATELIER

该图书馆坐落于大分县竹田市。竹田市群山环绕，是一个由城下町（日本以封建领主的居城为中心发展起来的城镇）发展起来的城市。目前致力于"振兴城下町"建设，计划建造文化会馆（设计师：香山寿夫）、博物馆（设计师：隈研吾）等。在此次计划中图书馆率先实施重建。2014年通过公开竞选的方式确定图书馆设计师人选。随着图书馆向阅览专业化方向发展，希望将新图书馆设计成适合各类人群使用的场所

大分县竹田市位于九州的中部，与熊本县相邻，人口约2万。市中心是四面环山的城下町，城市区划、道路建设颇具历史感。然而，如今在市中心活动的人却很少。为了改善此状况，竹田市实施"振兴城下町"*计划，率先进行图书馆重建。新馆在设计上为了与城下町的风景保持协调，采用了"双坡屋顶""白墙""高低屋顶"以及"屋顶与墙壁分离"等设计形式。阳光与清风透过缝隙进入馆内，人们在馆内能真切地感受到大自然的气息。新馆内部由一系列宽敞的阅览室组成，考虑常年吹

进馆内风的流向，将书架星波浪状摆放。一排排书架宛如缓缓流动的水波，令阅览室千姿百态。错落有致、变化万千的书架使阅览室更显宽敞。独特的书架摆放方式吸引了更多人来图书馆。另外新馆设计了各具特色的休息区：南开架休息区宽敞明亮，宛如洒满阳光起阔的草原，此开架休息区静谧如森林。2层开架休息区设计得像一个小小的洞穴，营造出温馨的氛围。竹田市在城下町基础上没有再进行城市扩张，城市区划、道路宽度、屋顶、墙壁等也保持了原貌，不变的乡音也是竹田市的魅力之一。

新图书馆建造在城市区划的中心位置，屋顶、墙壁等设计与城下町的自然风光浑然一体，在此次重建中新馆还增设了供市民休闲的设施，这些举措为古老的城下町带来了崭新的面貌。

（盐冢隆生）

（翻译：刘鑫）

*振兴城下町计划：综合文化大厅（青山寿夫建筑研究所）交流场所设施（隈研吾建筑都市设计事务所）

从图书馆2层阅览室看向四周。北侧是面向街道供人读书的阳台，内侧是音像资源角。书架共设有7种高度，从1m到3.4m不等，按曲线形状排列在馆内。书架间的区域被设计成休息区，并摆放桌子、椅子供人们休息。家具由藤森泰司工作室设计

从服务台看去是收藏儿童图书的西馆。网面状天花板将从缝隙进入的阳光
柔和地扩散至室内

随着空间往里走，空间逐渐变窄。每个书架中间留有间隙，减轻空间给人带来的压迫感。

区域图兼平面图 比例尺1:250

6075 6000 3600

能俯视街容市貌的窗户
地板 方块地毯
长椅
乡土资料角
1FL+3450
EV
开架书库
2层采景图书阅览室
少年角
书墙
长椅

能俯视街容市貌的窗户
眺望图书馆全景的阅览柜台

俯视大厅的窗户

2层开架图书阅览室地面铺着长绒毛地毯，低矮的天花板、窗边摆放的长椅，营造如书房般温馨的读书环境

2层平面图

石笼挡土墙
合欢树
日本槭
光蜡树
枫树
茅野邸 1FL-1700
藏有哲学类书籍的老房屋

连香树
1FL-1900
学习广场 1FL±0

南开架图书阅览室以儿童藏书为主要有休息室，宽敞明亮宛如洒满阳光的平原

石笼挡土墙
原创沙发

保持通风而敞开的窗户
节日里街道旁摆放竹灯笼，形成一道靓丽的风景线

餐厅
休息室
书架S1 H=1800 mm
书架S2 H=1535 mm
书架S3 H=1005 mm
书架S4 H=1535 mm
书架S5 H=1270 mm
南开架图书室 小卖部 1FL±0
台灯
书架S6 H=1535 mm
书架S7 H=1005 mm
书架S8 H=1005 mm
书架S9 H=1005 mm
交流广场

通行风向
石头广场
具柄冬青
冬青
红花荷
石笼挡土墙
铺设碎石子（石子产于本地）

1FL-1400
1FL-1000
签名板

4275 7425 3450 5025 7200
A B C D E F

老车站、老街区方向 府内町大道

阳台面向北侧古老商业街

6075 6000 3600 72
C D E F

1FL-2100
北开架图书阅览室收藏一般书籍，通过塔高书架的高度使光线更加柔和，营造如静谧森林般的读书环境

搬运通道 工作人员通道
书架N1 H=1800 mm D=520 mm
多功能阅览室
音像资源角
书架N3 H=2065 mm
BM书库 1FL-1650
书架N6 V=1
EV
DW
BM工作室
BM书库
书架N6 H=1800 mm D=620 mm
仓库
复印机
书架N1 H=1535 mm
办公室
通往后院的大的开口

服务台
地板 合成纤维地毯
大厅 1FL±0
杂志摆纸书架 H=1900 mm D=522 mm
检索中心
防风室
屋顶高低不同区域
防风室
辅机室
男卫生间
多功能卫生间
女卫生间
天花板离2000 mm的防风室
南入口斜坡
上下可调节静曲离图书窗处
东瀛咖啡
绣球花
为了体现地下町街道的幽深，通过通往建筑深处

西馆在设计上考虑孩子的身高，天花板设计得比较低

7200　6075

石笼挡土墙
矮树篱笆（卫矛、麻栎、白栎等）
混植（草珊瑚、朱砂根等）

为了保持通风而敞开的窗户
盛行风风向

1FL-1300

1FL-600

书架N2 H=1800 mm
照明台灯

书架N5 H=2330 mm

书架N8 H=3390 mm

书架N9 H=2595 mm

书架N10 H=2330 mm

书架如森林

书架N13 H=2065 mm
书架N14 H=1800 mm

阅览柜台

1FL-600

绣球花

带有照明装置的阳台
东瀛珊瑚

书架由杉木（产于当地）特制而成的层积材制成，
高低不一、曲线排列的书架增添了阅览室的多样
性，形状相同的书架（里深620、宽度900）通过
转动不同的角度组合在一起

书墙
建筑外围的书架上摆放专刊、
美术品、书籍等，增强了图书
馆功能

北侧读书阳台

1FL±0

赤杨
清水广场
石笼板凳

利用泉水修建的亲水广场

1FL-400

铺砌物，石灰碎石子
混合物涂漆：脱色沥青

铺砌碎石子

13
3050
12
3050
11
3050
10
3050
9
3000
8

停车场

连香树
连香树
木芙蓉
罗汉松
山采萸
罗汉松
木芙蓉
交让木
柜式高压受电设备

联锁装置（保证车站范围内行车安全的设备）

自行车场

模仿周边院墙设置的围墙

步行街

为读者、行人、放学后的学生设计的休息区

石笼花坛（辛夷、青冈、朴树等）

石笼板凳

紫藤（移栽）

羽苇枫

签名板

紫藤广场

交让木

风向模拟：盛行风横穿建筑用地，由西南角吹向东
北角。图书馆的建设考虑了风向，与环境和谐统一
（图片提供：ARUP）

1FL+300

地板 方块地毯

能眺望阅览室全景的玻璃窗自习室

学习室

混植 草珊瑚、朱砂根等

13
3050
12
3050
11
3050
10
3050
9

6075
H　　I

2层平面图

1FL±0　停车场入口

行人休息处（由钢网与紫藤藤架制成）

通往竹田高中

北馆2层学习室

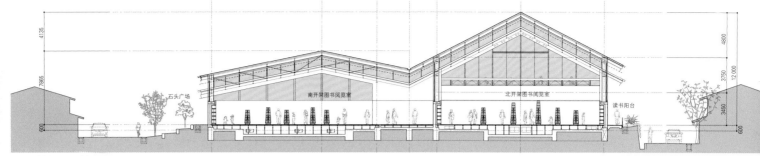

剖面图　比例尺1:400

区域图　比例尺1:8000

设计：建筑：盐塚隆生工作室
　　　结构：枞建筑事务所
设备：SKi设计
　　　电灯：AES设计
　　　环境：ARUP
　　　家具：藤森泰司工作室
施工：营组
用地面积：2800.88 m²
建筑面积：1239.37 m²
使用面积：1577.62 m²
层数：地上2层　屋顶1层
结构：钢筋混凝土结构　钢筋结构　部分为钢架钢筋混凝土结构
工期：2016年5月—2017年3月
摄影：日本新建筑社摄影部
（项目说明详见第165页）

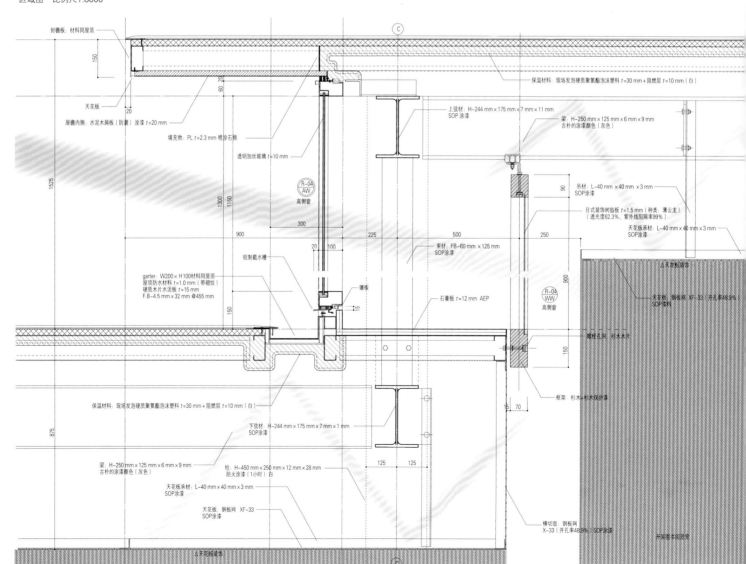

天花板（水平方向）详图　比例尺1:15

南侧外观。右侧斜坡通往服务台。天花板厚650 mm，外部设计成屋檐样式，吸收建筑物周围的阳光

厚屋顶设计

城下町的日式房屋通常是砖瓦屋顶并且带有吊顶，为了与其保持协调，新图书馆的吊顶覆盖着能够看到内部结构的网状装饰材料。从高低屋顶的间隙进入室内的阳光，穿过天花板内部的玻璃和日式装饰树脂板，亮度逐渐减弱。进入高层天花板的阳光经过厚650 mm天花板的扩散，再通过钢板网最终到达室内。一部分进入低层天花板的阳光，经天花板扩散亮度逐渐减弱，光线变得朦胧。最终整个屋顶放射的光线明亮柔和，室内的人们仿佛置身于大自然中。

（盐家隆生）

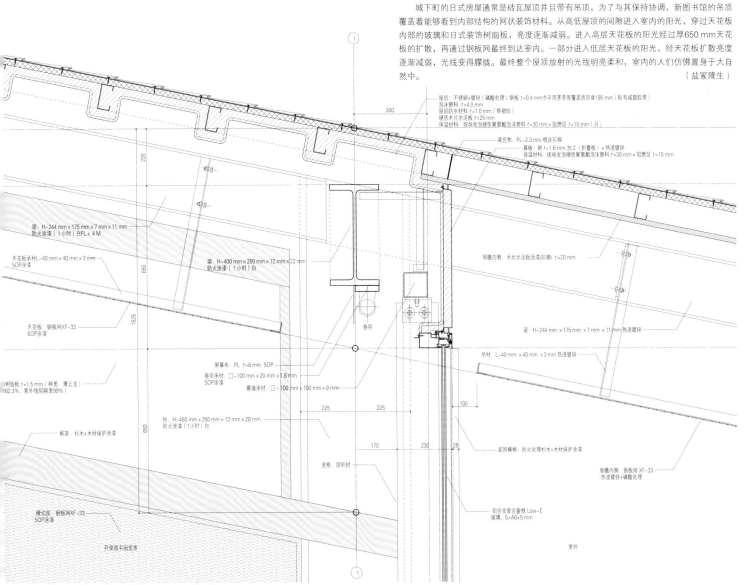

屋顶：不锈钢+镀锌（磷酸处理）钢板 t=0.4 水平用茅草等覆盖房顶@195 mm（贴有减震胶带）
泡沫塑料 t=4.0 mm
屋顶防水材料 t=1.0 mm（带裙纹）
硬质木片水泥板 t=25 mm
保温材料：现场发泡硬质聚氨酯泡沫塑料 t=30 mm+阻燃层 t=10 mm（白）

填充物：PL-2.3 mm 喷涂石棉
幕板：钢 t=1.6 mm 加工（折叠板）+热浸镀锌
保温材料：现场发泡硬质聚氨酯泡沫塑料 t=30 mm+阻燃层 t=10 mm

梁：H-244 mm×175 mm×7 mm×11 mm
防火涂漆（1小时）白FL+4 M

梁：H-400 mm×200 mm×12 mm×22 mm
防火涂漆（1小时）白

天花板承材 L-40 mm×40 mm×3 mm
SOP涂漆

屋檐内侧：木丝水泥板涂漆（防潮）t=20 mm

天花板：钢板网XF-33
SOP涂漆

梁：H-244 mm×175 mm×7 mm×11 mm 热浸镀锌

吊材：L-40 mm×40 mm×3 mm 热浸镀锌

卷帘

树脂板 t=1.5 mm（种类：薄云龙）
（62.3%，紫外线阻隔率99%）

屏幕布：PL t=6 mm SOP
卷帘承材：□-100 mm×20 mm×1.6 mm
SOP涂漆
幕墙承材：□-100 mm×100 mm×9 mm

柱：H-450 mm×250 mm×12 mm×28 mm
防火涂漆（1小时）白

框架：杉木+木材保护涂漆

竖框：层积材

装饰横材：防火处理杉木+木材保护涂漆

屋檐内侧：钢板网XF-33
热浸镀锌+磷酸处理

横切面：钢板网XF-33
SOP涂漆

铝合金复合窗框 Low-E
玻璃：5+A6+5 mm

开架图书阅览室

室外

天花板（侧剖图）详图　比例尺1:15

草庵建筑 茶室（积翠亭）

设计　山本良介工作室
施工　竹田工务店
所在地　京都府京都市东山区
SOUANKENCHIKU CHASHITSU SHAKUSUI-TEI
architects: YAMAMOTO RYOSUKE ATELIER

南侧外观。积翠亭位于京都四季酒店（详见128页），是一个由茶室和会客厅组成的雅致建筑。会
客厅在夜晚化身为香槟吧。积翠亭坐落在拥有800年历史的迴游式庭园中「池泉庭园样式之一」，以
泉池为中心边走边观赏的庭园」，临池而建，会客厅露台下面是清澈的池水

茶室的选址

　　我小时候住在京都的中心区。那时的"京都城"十分荒凉，寺庙甚至成了野狗栖息的场所。各种建筑都可以随意出入，因此这里成了小孩子的"游戏乐园"。儿时小巧的房屋建筑，给我留下了深刻印象。小屋由弯曲的木材建造而成，破败不堪，小时候我觉得小屋建筑很不可思议；在战后年代，人们没有饮茶等闲情雅致，当时许多著名的茶室建筑被毁坏而残败，茶室没能完好保留下来，令人遗憾。

　　一天，Berjaya京都开发商与京都四季酒店负责人进行商议，计划在池塘周围建造一个仅为酒店1/10 000大小的小巧建筑，最终决定在此建一个茶室。因为想建造一个泥地房屋，所以我给它起名为"草庵建筑"。茶室在设计上与宏伟的现代酒店形成鲜明对比，像儿时记忆中的木质房屋那样建于池水之上，整体设计一气呵成。

　　茶室最终决定建在离主体建筑300 m的废弃土地上。虽然建筑之间离得近有利于商家经营，但是为了让游客能够体验到"时空的转换"，茶室在设计上刻意远离主体建筑。游客沿着池塘边的小路漫步就能到达茶室。池塘的设计展现洄游式庭园风格，池塘边建造一个小型船停泊处。游客可以乘船渡过池塘，穿过羊肠小道，到达远处的茶室，体验一场充满乐趣的茶室之旅。清雅幽静的茶室与豪华的酒店各具特色。怎样设计茶室才能吸引游客从远处的主馆穿过石子小路来到茶室饮茶？这是一个大的挑战，身为设计者的我肩负重任。

（山本良介）

（翻译：刘鑫）

会客厅视角。露台与内部房间之间用拉窗相隔，拉窗可以完全打开。柱子为扁柏抛光圆木，直径为180 mm。天花板高2730 mm ~ 3670 mm。会客厅隔着池塘与酒店客房相望。

会客厅内景。会客厅由多个房间组成，主屋使用的梁是双拼梁，双拼梁由弯曲的木材制成，中间插入系梁。根据木材的材质和形状，决定梁上的卯眼位置、雕刻方法、螺栓位置

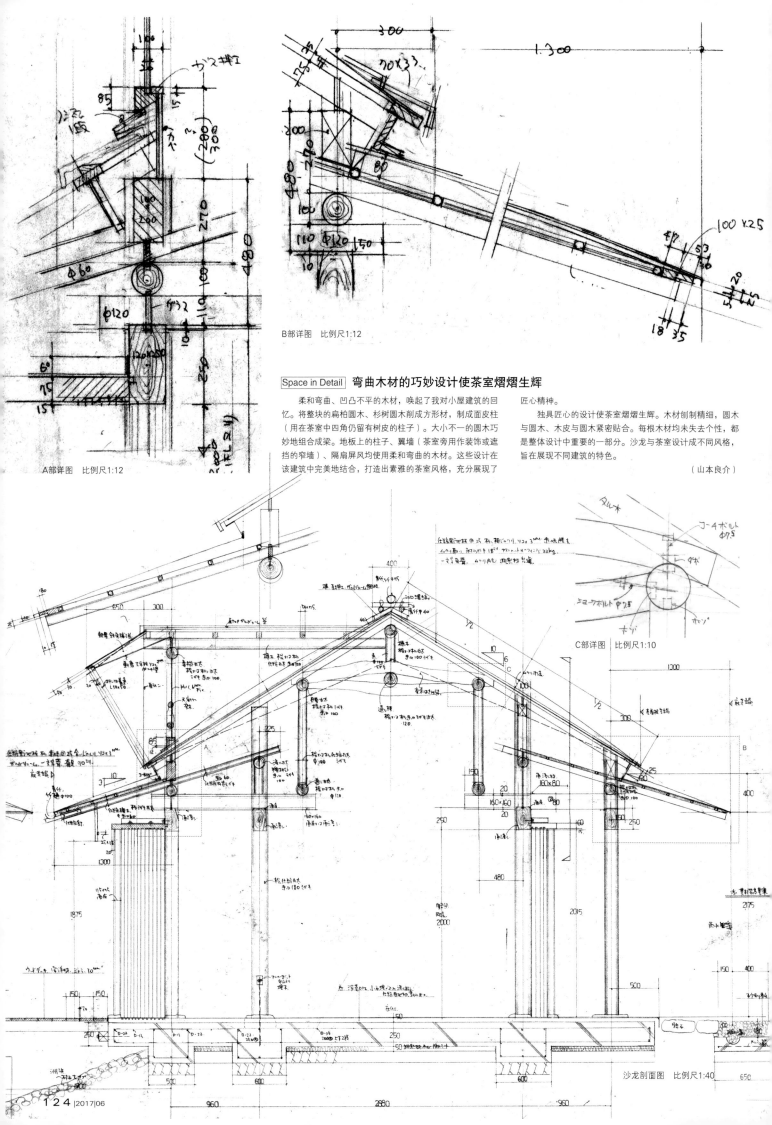

B部详图　比例尺1:12

A部详图　比例尺1:12

Space in Detail　弯曲木材的巧妙设计使茶室熠熠生辉

柔和弯曲、凹凸不平的木材，唤起了我对小屋建筑的回忆。将整块的扁柏圆木、杉树圆木削成方形材，制成面皮柱（用在茶室中四角仍留有树皮的柱子）。大小不一的圆木巧妙地组合成梁。地板上的柱子、翼墙（茶室旁用作装饰或遮挡的窄墙）、隔扇屏风均使用柔和弯曲的木材。这些设计在该建筑中完美地结合，打造出素雅的茶室风格，充分展现了匠心精神。

独具匠心的设计使茶室熠熠生辉。木材刨制精细，圆木与圆木、木皮与圆木紧密贴合。每根木材均未失去个性，都是整体设计中重要的一部分。沙龙与茶室设计成不同风格，旨在展现不同建筑的特色。

（山本良介）

C部详图　比例尺1:10

沙龙剖面图　比例尺1:40

西侧外景。左边是茶室入口。会客厅采用双坡屋顶设计。茶室的天花板很低，茶室屋顶与沙龙侧面贴合

东侧外景

北侧入口。为了使建筑看起来高大，特意铺设狭窄的小路。右边是茶室入口

茶室候客厅视角

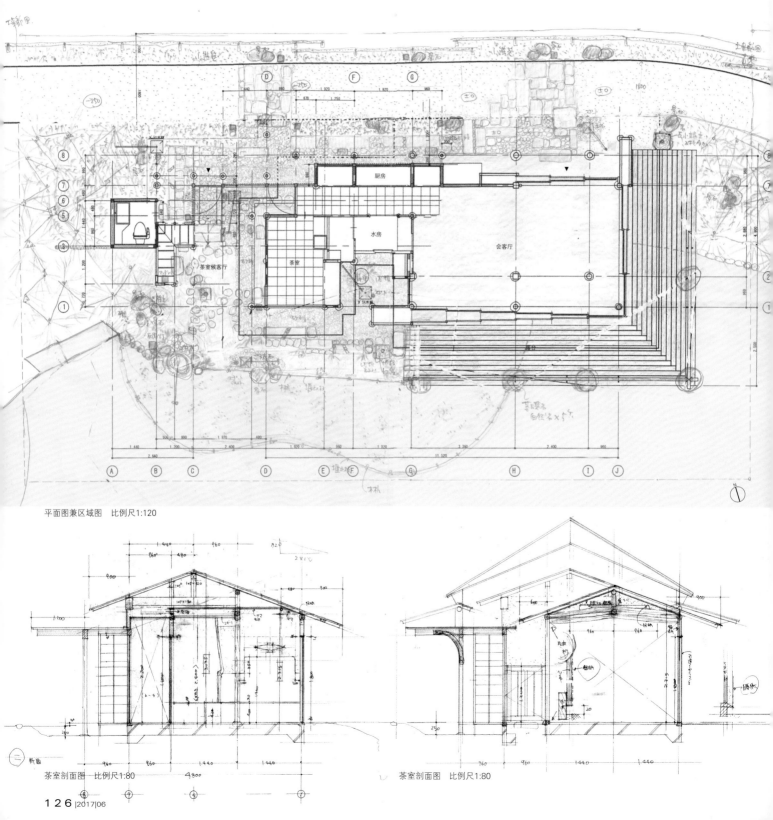

平面图兼区域图　比例尺1:120

茶室剖面图　比例尺1:80

茶室剖面图　比例尺1:80

茶室内景。茶室采用"立礼式"（坐在椅子上沏茶的一种茶道形式）设计，天花板用蒲草与银箔装饰。墙壁使用深草土，地板使用日本瓦，整体设计别出心裁

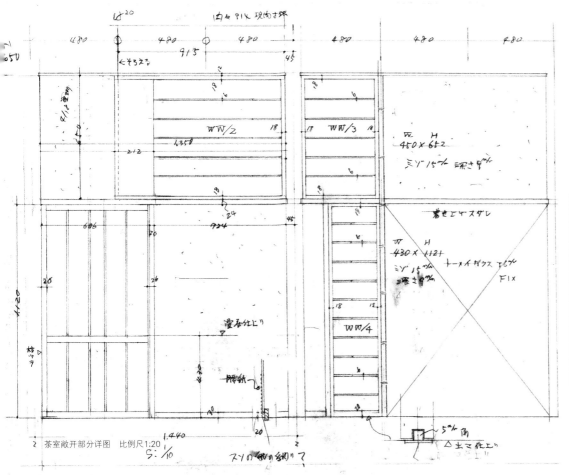

2 茶室敞开部分详图　比例尺1:20

设计：山本良介工作室
施工：竹田工务店
用地面积：20 433.55 m²
建筑面积：72.26 m²
使用面积：52.81 m²
层数：地上1层
结构：木质结构
工期：2015年6月—2016年6月
摄影：日本新建筑社摄影部
（项目说明详见第166页）

茶席视角。入口高1120 mm，天花板高2500 mm

四季酒店·京都

设计 久米设计
施工 大成建设
所在地 京都府京都市历史街区
FOUR SEASONS HOTEL KYOTO
architects：KUME SEKKEI

2016年10月，四季酒店·京都正式在京都东山开业。酒店位于东山风景区，依积翠园而建。
积翠园是拥有800多年历史的日本庭园。并且离清水寺、三十三间堂等著名景点很近，地理
位置优越。该建筑设计上充分利用日本庭园优势，酒店共有180间客房，包括57间豪华私人
公寓，每间客房皆能欣赏到庭园美景

酒店南侧入口停车门廊。南楼和北楼入口处停车廊由光井纯&ASSOCIATES建筑设计事务所设计。框架由钢铁与木材构成，玻璃中镶嵌有日本纸，整个设计以"日本伞"为创作灵感

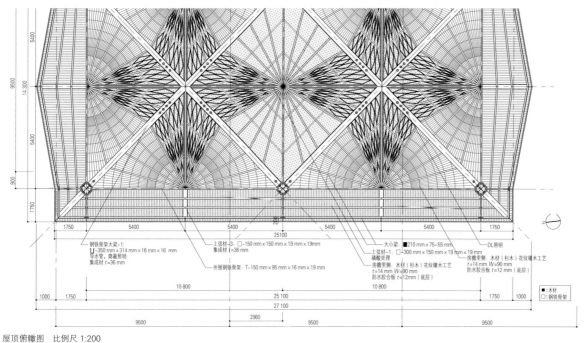

钢铁骨架大梁-1：
□-350 mm×314 mm×16 mm×16 mm
导水管，隐藏照明
集成材 t=36 mm

上弦材-3：□-150 mm×150 mm×19 mm×19 mm
集成材 t=36 mm

外围钢铁骨架：T-150 mm×95 mm×16 mm×19 mm

房檐里侧：木材（杉木）花纹镶木工艺
t=14 mm W=90 mm
防水胶合板 t=12mm（底层）

大小梁：■210 mm×75~55 mm
上弦材-1：□-300 mm×150 mm×19 mm×19 mm
房檐里侧：木材（杉木）花纹镶木工艺
t=14 mm W=90 mm
防水胶合板 t=12 mm（底层）

DL照明

■：木材
□：钢铁骨架

屋顶俯瞰图　比例尺 1:200

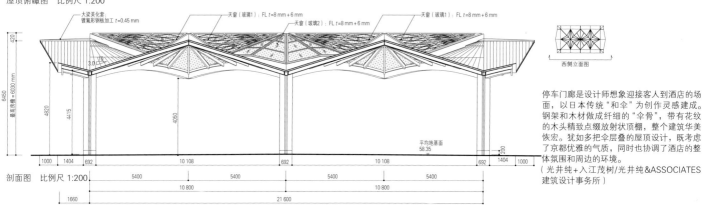

大梁美化套
镀氟彩钢板加工 t=0.45 mm

天窗（玻璃1）：FL t=8 mm+6 mm
天窗（玻璃2）：FL t=8 mm+6 mm
天窗（玻璃1）：FL t=8 mm+6 mm

西侧立面图

剖面图　比例尺 1:200

停车门廊是设计师想象迎接客人到酒店的场面，以日本传统"和伞"为创作灵感建成。钢架和木材做成纤细的"伞骨"，带有花纹的木头精致点缀放射状顶棚，整个建筑华美恢宏。犹如多把伞层叠的屋顶设计，既考虑了京都优雅的气质，同时也协调了酒店的整体氛围和周边的环境。
（光井纯+入江茂树/光井纯&ASSOCIATES建筑设计事务所）

餐厅1层露台处庭园小景。照片中后方位置是茶室（草庵建筑，茶室"积翠亭"设计：山本良介工作室 刊登于本杂志120页）

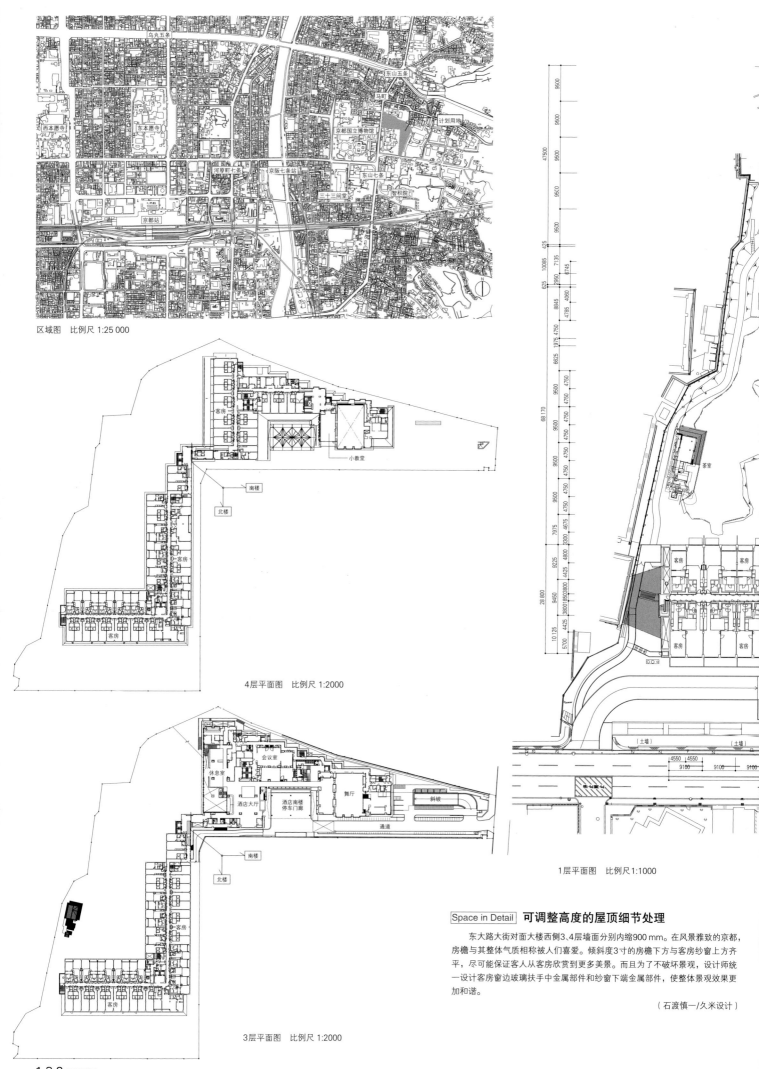

区域图　比例尺 1:25 000

4层平面图　比例尺 1:2000

1层平面图　比例尺 1:1000

3层平面图　比例尺 1:2000

Space in Detail **可调整高度的屋顶细节处理**

　　东大路大街对面大楼西侧3、4层墙面分别内缩900 mm。在风景雅致的京都，房檐与其整体气质相称被人们喜爱。倾斜度3寸的房檐下方与客房纱窗上方齐平，尽可能保证客人从客房欣赏到更多美景。而且为了不破坏景观，设计师统一设计客房窗边玻璃扶手中金属部件和纱窗下端金属部件，使整体景观效果更加和谐。

（石渡慎一/久米设计）

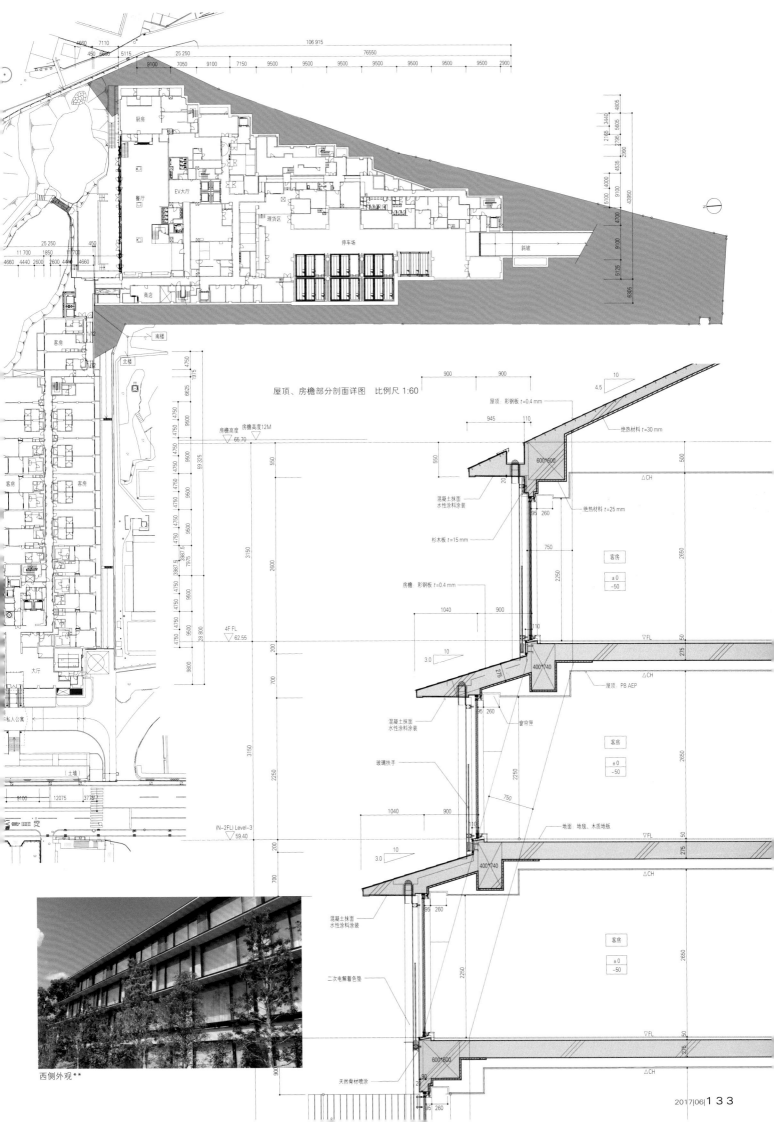

Floor plan labels:

厨房

餐厅

EV大厅

理货区

停车场

斜坡

商店

客房

南楼

北楼

客房

客房

大厅

私人公寓

[土墙]

N

Plan dimensions (top):

106 915

76550

4660 7110

450 6600 5115 25 250

9100 7050 9100 7150 9500 9500 9500 9500 9500 9500 9500 2900

25 250 450

11 700 1850 1700

4660 4440 2600 4440 4660

Right side dimensions:

4805 3440 5605

2765 2795 2990

5100 4000 4535 9100 43950

4700

9100

5125

6305

Section (lower):

屋顶、房檐部分剖面详图　比例尺 1:60

屋顶：彩钢板 t=0.4 mm

绝热材料 t=30 mm

混凝土抹面
水性涂料涂装

绝热材料 t=25 mm

杉木板 t=15 mm

房檐　彩钢板 t=0.4 mm

屋顶：PB AEP

混凝土抹面
水性涂料涂装

窗帘匣

玻璃扶手

地面：地毯、木质地板

混凝土抹面
水性涂料涂装

二次电解着色垫

天然香材喷涂

客房

±0
−50

客房

±0
−50

客房

±0
−50

600*600

400*740

400*740

600*600

Section dimensions/labels:

900 900

10

4.5

945 110

550

20

195 260

750

2250

500

2650

1040 900

110

3.0 10

275

1040 900

110

3.0 10

2250

750

95 260

275

2650

2250

95 260

2650

95 260

275

△CH

▽FL 50

房檐高度 房檐高度12M
66.70

4750 1975

6625

4750 9500

4750

4750 9500

4750

4750 9500

4750

3967.5 7975
3967.5

4750 9500

4750

59 325

550

3150

2600

4F FL 62.55

4750 9500

28 800

200

700

3150

(N-2FL) Level-3
59.40

2250

200

700

900

9100 12075 3720

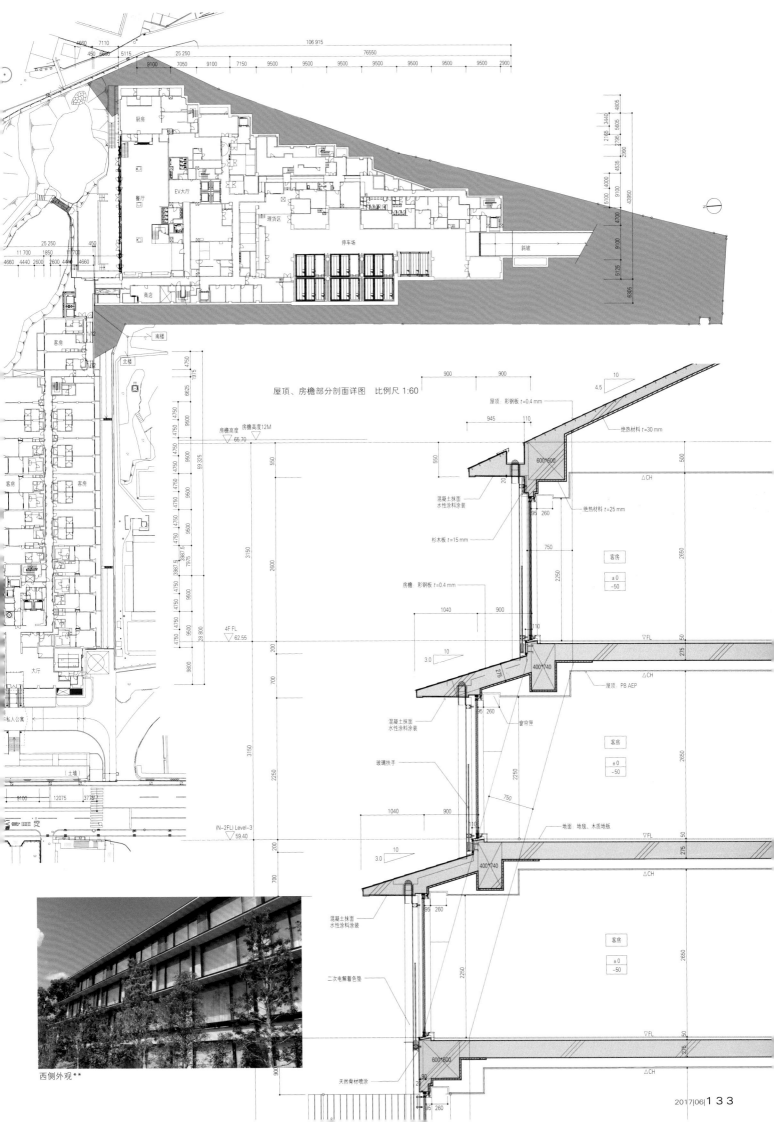

西侧外观**

池塘对岸景观。地下建筑2层，地上建筑5层。左侧正面1层为餐厅，3层设有休息室

四季酒店带你体验独特的京都之旅

该建筑坐落于京都东山区。这里名胜古迹数不胜数，著名的清水寺、三十三间堂、智积院以及拥有800年历史的平安时代武将平重盛宅邸——积翠园等都在其中。四季酒店·京都围绕枳翠园而建。庭园风景如画，设计初衷是全方位展现园内美景。

酒店入口位于东山七条十字路口通往丰国庙的一段路上，这里俗称慢坡道。从入口到酒店大厅玄关有一条竹林小道，可增加客人对酒店的期待感。从酒店大厅可以看到积翠园，可以充分感受到身心与建筑以及美景融为一体的喜悦之情。

计划用地在京都历史风景区，出于对京都独特历史风貌的保护，建筑高度控制在15 m以下。因此，地上建筑尽量设计为客房，地下部分设计为公共区域或是储藏室等。建筑外墙贴有天然杉木板。另外，在计划用地区域约有5.3 m的高低差，西侧入口地面较低是1层，东侧正门入口地面较高是3层。设计师利用斜坡调整地面高低差，保证了酒店房间屋顶高度的设计要求。

客房采用275 mm厚无梁板结构，从而保证客房屋顶最大限高高度。另外，该无梁板结构的厚度也能确保上下楼层隔音效果。

这个被庭园美景包围的场所，静谧雅致。京都的自然之美可以净化心灵，四季酒店带你体验独特的京都之旅。

（樱井伸/久米设计）

（翻译：程雪）

从3层大厅看餐厅内景。可以看到外面露天座席。

客房内景。可以欣赏到外面庭园景色。客房天花板高2650 mm

可循环用水型客房

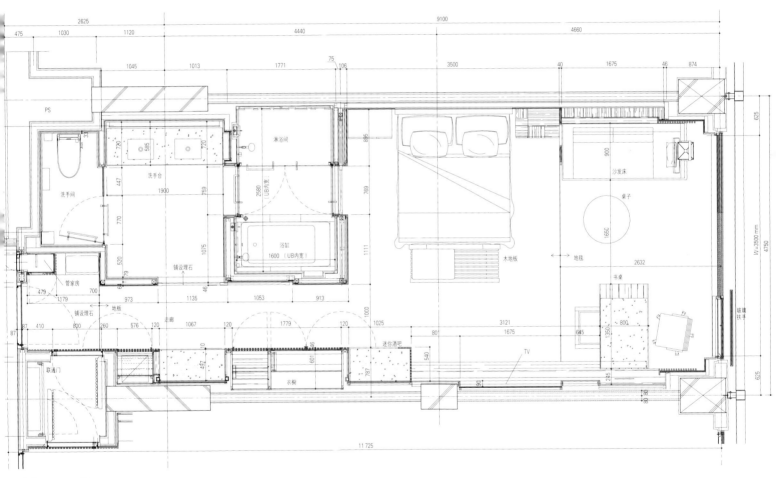

客房平面图　比例尺 1:60

设计：久米设计
施工：大成建设
用地面积：20 433.55 m²
建筑面积：7999.32 m²
使用面积：34 632.55 m²
层数：地下2层　地上5层
结构：钢架钢筋混凝土结构
　　　部分为钢筋混凝土结构
工期：2013年9月—2016年6月
摄影：日本新建筑社摄影部（特别标
注除外）
* 摄影：伸和
** 照片提供：久米设计
*** 照片提供：四季酒店·京都
（项目说明详见第166页）

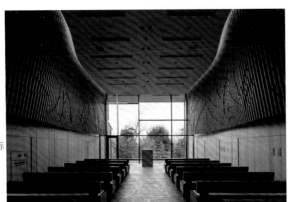

4层小教堂。地板由落叶松木镶嵌而成

通往小教堂的台阶。正面墙壁使用了堀木ERIKO生产的日本纸

SHIBUYA CAST.

设计   日本设计・大成建设一级建筑师事务所企业联营体
施工   大成・东急建设企业联营体
所在地 东京都涉谷区
SHIBUYA CAST.
architects: NIHONSEKKEI, TAISEI DESIGN PLANNERS ARCHITECTS & ENGINEERS

作为东京"城市再生工程"的项目之一，由民间事业团体对政府经营下的公寓旧址进行开发，土地使用权约70年。西侧是神宫前大道，也是旧涩谷川沿线的起点，东北侧是美竹公园和住宅区。考虑整个用地是T字形，设计师在西侧设计了一个面积约1000 ㎡的广场以及连接东西的大通道。借此机会，也对周边的步行者进行了整体设计与整合。

东京用地的民间开发

"SHIBUYA CAST"为东京推进"城市再生工程（涉谷区）"项目的第一环，有效利用公寓旧址进行开发，土地使用权约70年。这是一个能让东京涉谷区变得更有魅力的事业，于2012年6月开始构思。开发理念为"在涉谷大街享受散步""提高人们在涉谷、青山、原宿三地的出行积极性""推进市中心居住多元化""生活文化和创意的生产基地"等。

用长远目光推进都市开发

该用地位于旧涉谷川步行街的起始点，和明治大道对面的原宿方向相连接。这里距涉谷站约400 m，步行即可到达青山，有很大的开发潜力。设计师最大限度地发挥这里的特点，建造出面积约1000 m²的广场，这在涉谷区是相当罕见的。在广场上种植樱花树，还有其他不同颜色不同种类的植物。这些植物给涉谷的四季增添了活力。另外，平整的广场方便大家在这里举行各种活动。建筑的中心地区——大通道连接东西方向，因其区域内有高低差，设计师设计了旨道以惠及不同人群。

大通道中的柱子这一设计点缀了广场的同时

对之后的开发也大有裨益。另外，根据综合设计制度可以放宽广场和大通道对容积率的限制。此外，在开发过程中得到了政府的支持，不仅在该建筑的用地范围内，对周边的步行街和广场空间等地也同时进行了综合设计。旧涉谷步行街、公共空间等的再整合，短期内实现了全部街道的开发整顿工作。公共空间的设计主张体现个性与多元化，展现出"涉谷风""艺术感"。同时还强调整体性，"不统一的和谐"（参照167页）是设计最终追求的目标。建筑物不同部分的设计交给不同的设计师，用他们的智慧让涉谷焕然一新。

东西贯通大通道。约有4.5 m的高低差，用台阶连接。这个大通道和广场可以同时承载多人。
路面是瓷质砖材质，天花板是木质薄板

在运营上，使用了最好的设施。年轻人常常不在一个地方一直生活，于是便出现了一种将房子共享的新的生活方式。另外，灵活运用"推进时尚东京的城市建设条例"，吸引有创造力的人们在广场上举办各种活动。我们希望将此地打造成流行前沿聚集地。这里的设计符合涉谷的风格与文化，期待能被更多的人接受和喜爱。

（市丸贵裕+中野洋辅+圆木裕基/日本设计）

（翻译：程雪）

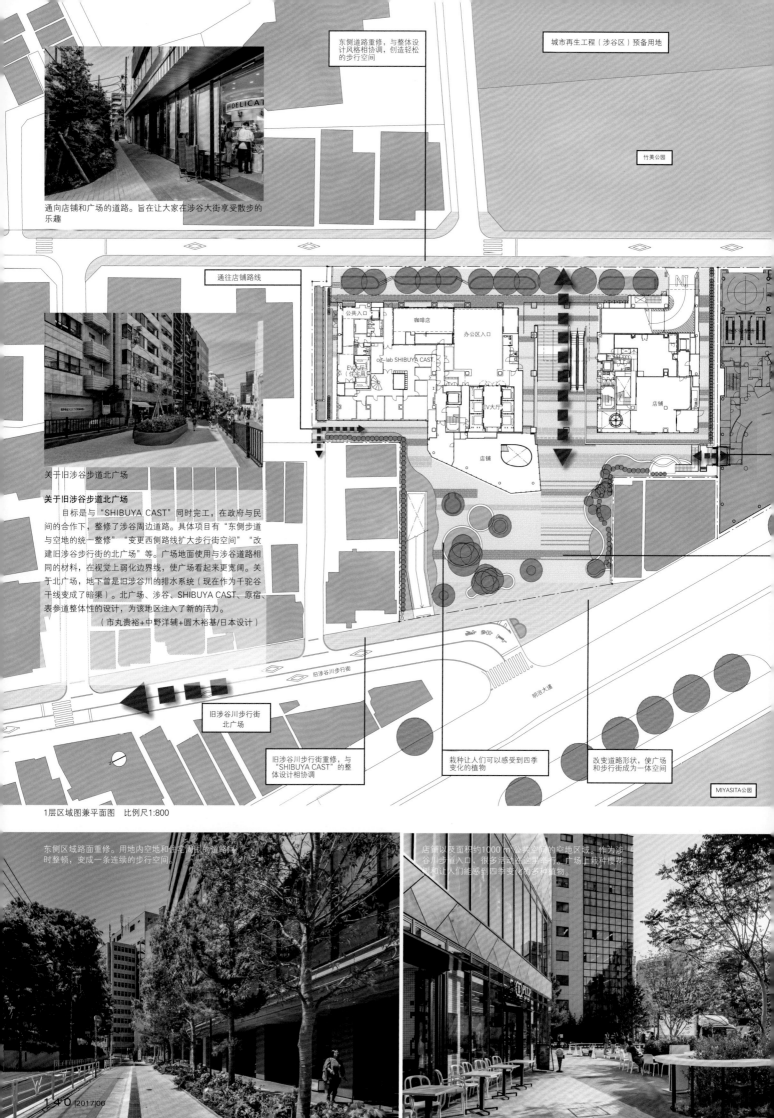

通向店铺和广场的道路。旨在让大家在涉谷大街享受散步的乐趣

城市再生工程（涉谷区）预备用地

竹美公园

通往店铺路线

公共入口

咖啡店

办公区入口

EV厅（住宅用）

co-lab SHIBUYA CAST

EV大厅

店铺

店铺

关于旧涉谷步道北广场

关于旧涉谷步道北广场

目标是与"SHIBUYA CAST"同时完工，在政府与民间的合作下，整修了涉谷周边道路。具体项目有"东侧步道与空地的统一整修""变更西侧路线扩大步行街空间""改建旧涉谷步行街的北广场"等。广场地面使用与涉谷道路相同的材料，在视觉上弱化边界线，使广场看起来更宽阔。关于北广场，地下曾是旧涉谷川的排水系统（现在作为千驼谷干线变成了暗渠）。北广场、涉谷、SHIBUYA CAST、原宿、表参道整体性的设计，为该地区注入了新的活力。

（市丸贵裕+中野洋辅+圆木裕基/日本设计）

旧涉谷川步行街

旧涉谷川步行街北广场

明治大道

MIYASITA公园

旧涉谷川步行街重修，与"SHIBUYA CAST"的整体设计相协调

栽种让人们可以感受到四季变化的植物

改变道路形状，使广场和步行街成为一体空间

1层区域图兼平面图　比例尺1:800

东侧区域路面重修。用地内空地和住宅周围的道路同时整顿，变成一条连续的步行空间。

店铺以及面积约1000 m²公共空间的空地区域。作为涉谷川步道入口，很多活动在这里举行。广场上栽种樱花和让人们能感到四季变化的各种植物。

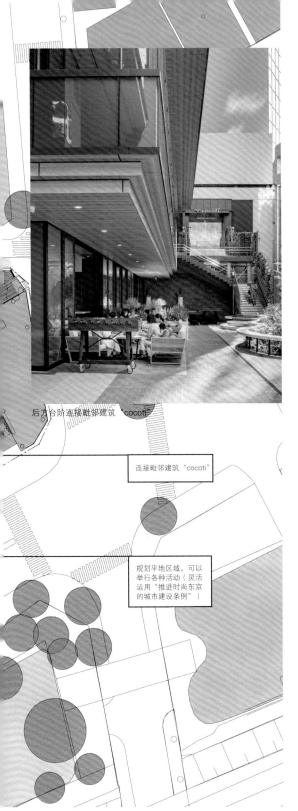

后方台阶连接毗邻建筑 "cocoti"

连接毗邻建筑 "cocoti"

规划平地区域，可以举行各种活动（灵活运用 "推进时尚东京的城市建设条例"）

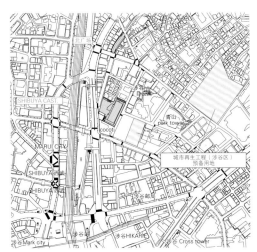

广域区域图　比例尺1:12 000

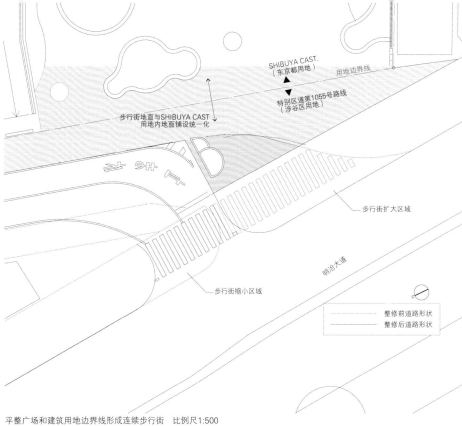

平整广场和建筑用地边界线形成连续步行街　比例尺1:500

西侧道路整修后（左）和整修前（右）。平整边界线，同时整修步行街（涉谷区），使其形成一体空间

东西剖面图　比例尺1:800

13层Collective house的公共客厅。里面是公用厨房。形成下层办公上层生活的形式

标准楼层面积约1400 m²，天花板高2800 mm

16层住宅客厅。窗外是涉谷站周边街景。

通往办公楼层入口的大厅。左侧设有咖啡馆

Collaboration office。适用于人数较少的办公环境，呈放射状，有单间。圆形桌子和里面的书架可共享

Bulletin board

办公室标准层平面图

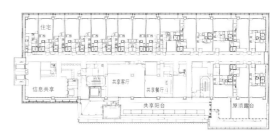

13层平面图

广场平面图　　比例尺1:1000

设计：建筑・设备：日本设计
　　　结构：日本设计・大成建设一级建筑师事务所企业联营体
施工：大成・东急建设企业联营体
设计监修：日本设计
用地面积：5020.09 m²
建筑面积：2553.00 m²
使用面积：34 980.94 m²
层数：地下2层　地上16层　塔屋2层
结构：钢筋结构
　　　钢筋混凝土结构　部分为钢架钢筋混凝土结构
工期：2015年3月—2017年4月
摄影：日本新建筑社摄影部（特别标注除外）
　　　＊川澄・小林研二写真事务所
（项目说明详见第167页）

独特的设计

　　这个建筑的特殊性在于：1）建筑物前方视野广阔，可以清楚地看到明治大道和山手线。2）整个建筑贯通高低不同的两片地，里面和外面可以看到不同景象。3）建筑物的前方设有楼厅等。特别是3），这是一个特殊的尝试，通常情况下这是一个不被人们看好的设计方法，但设计师用了独特的设计手法和设计材料，使之与整个建筑物内外结合成为亮点。
　　就像树枝随风摇曳或是鱼群遇到捕食者时的突然转向一样，设计师以自然为设计灵感，设计出百叶窗。这些百叶窗呈不同角度，根据不同季节、时间、天气，根据反射原理产生变化。最初的想法是直接安装自动百叶窗，但由于成本与实际功能不能平衡，最终根据整体布局、比例尺、人视线的变化和周围环境等多种因素，设计出了这样一个作品。

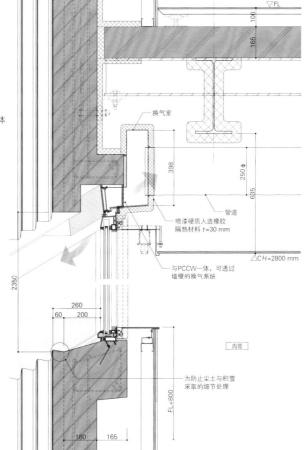

肋拱剖面详图　　比例尺1:20

上：面向广场的纵向百叶窗设计
下：利用三种肋拱，形成动态建筑主立面

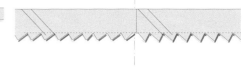

设计上减轻阴影带来的压迫感。阳台百叶窗（左）和预制混凝土墙（PCCW）（右）详图

GINZA SIX

设计　森大厦株式会社／RIA（ PM ）
　　　银座六丁目地区市街地再开发计划设计企业联营体
　　　（ 谷口建筑设计研究所：都市设计・外观设计， KAJIMA DESIGN ）
施工　鹿岛建设
所在地　东京都中央区
GINZA SIX
architects: MORI BUILDING / RIA
GINZA 6-CHOME AREA URBAN REDEVELOPMENT PROJECT DESIGN JOINT VENTURE
(TANIGUCHI AND ASSOCIATES, KAJIMA DESIGN)

面向银座中央大道的建筑正面图。建筑物正面采用了“暖帘”和“屋檐”相结合的设计。商业设施高31 m，店铺可以自由地将店铺暖帘挂在屋檐上

银座六丁目十字路口附近全景图。建筑物地下6层，地上13层。商业层的店铺暖帘可根据规
则手册自由设计。毛丝面不锈钢的屋檐反射周围的光

面向银座中央大道的GINZA SIX全景。横跨两个街区，占地面积9080 m²。吾妻大街东移，并在之前吾妻大街的位置修建了通道

银座新地标

2017年4月GINZA SIX开始营业。银座的新地标是本地相关部门、行政、地权人、经营者等经过商议后决定的。谷口建筑设计研究所（以下称"谷口研究所"）进行都市策划（与森大厦合作）和基本设计。实施设计以后，谷口研究所和代行特定业务的鹿岛建设建筑设计总部（以下称"鹿岛设计总部"）组成设计团队。谷口研究所主要负责外观设计，鹿岛建设总部负责总体协调（空中庭园与PLACEMEDIA、照明设计与LIGHTING PLANNERS ASSOCIATES、室内设计与CURIOSITY合作完成）。

超大占地和全新人流动线

由大丸松坂屋等17个地权人组成的两个街区合并的计划，在应用了区域道路变更和特别地区都市再生的都市计划基础上，作为再开发项目执行。设计的主要问题是如何平衡建筑规模与地面人流之间的关系。为解决这一问题，设计了"银座大道"贯穿中央大道和三原大道。在拓宽后的三原大道上建立观光巴士乘降站，并建造兼顾"水与绿的street park"的"三原阳台"。地铁银座站和GINZA SIX完成地下对接，方便行人出行。

"屋檐"和"暖帘"的设计

将两街区合并的银座占地面积大，为了体现出建筑规模，"屋檐"这一设计应运而生。在建筑物四周每层都设置了水平统一的屋檐，因此不管在银座哪条街道上都可以望见GINZA SIX。屋檐采用毛丝面不锈钢，不仅能反射周围的光，也使建筑外观随着时间和天气的变化而变化。此外精致纤细的LED线照明灯展现出建筑物表面的统一性。在这个高31 m的传统街的商业设施上，提出将"暖帘"挂在"屋檐"上烘托繁华气氛的设计形式。"暖帘"垂直悬挂，错落有致，与地面保持距离感。奢侈品店铺和地权人的店铺根据"暖帘规则手册"自由设计。因"暖帘"建在外墙止水线上，所以要考虑"暖帘"更换的难易度和老化问题。这就是"屋檐"同"暖帘"的共存设计。

（KAJIMA DESIGN）

（翻译：崔馨月）

夜景。繁华的街道映入屋檐

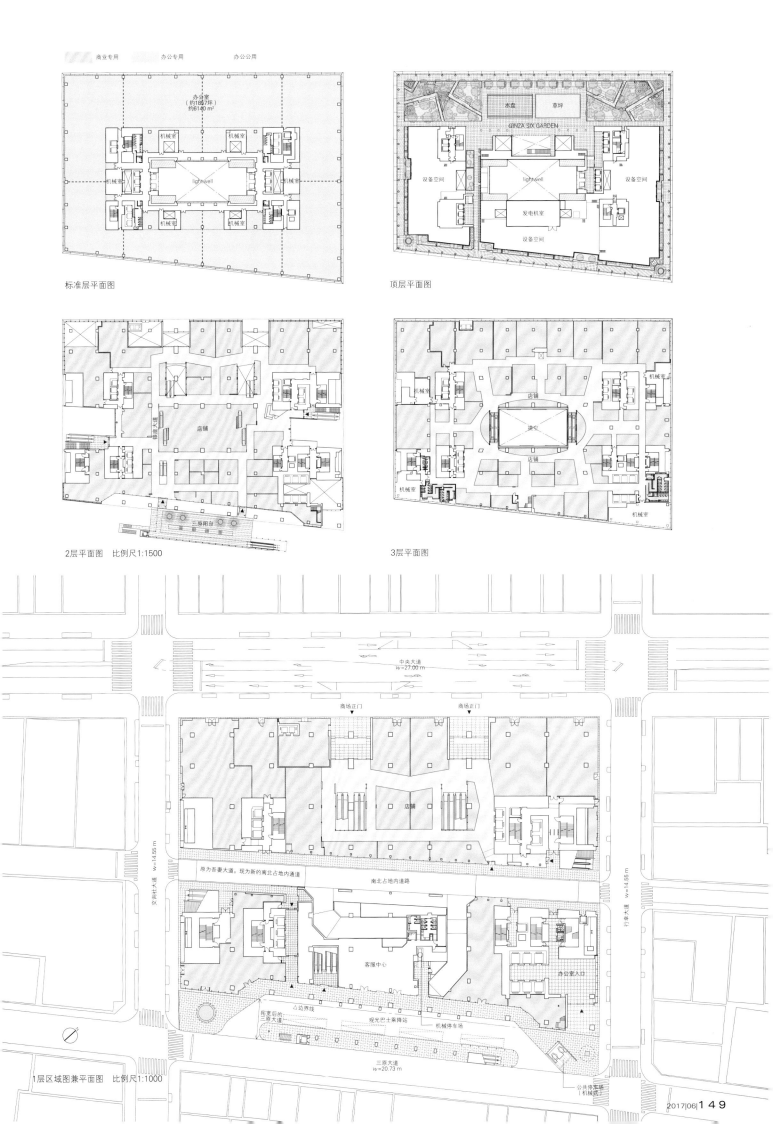

商业专用   办公专用   办公公用

办公室
(约1867坪)
约6140 m²

机械室   机械室

机械室   lightwell

机械室   机械室

机械室   机械室

标准层平面图

承盘   草坪

GINZA SIX GARDEN

设备空间   lightwell   设备空间

发电机室

设备空间

顶层平面图

机械室

银座大道   店铺

三原阳台

2层平面图   比例尺1:1500

机械室

店铺

挑空

店铺

机械室   机械室

3层平面图

中央大道
w=27.00 m

商场正门   商场正门

店铺

原为吾妻大道。现为新的南北占地内通道   南北占地内道路

交询社大道 w=14.55 m   行幸大道 w=14.55 m

客服中心   办公室入口

拓宽后的   △边界线
三原大道   观光巴士乘降站   机械停车场

三原大道
w=20.73 m

公共停车场
（机械式）

1层区域图兼平面图   比例尺1:1000

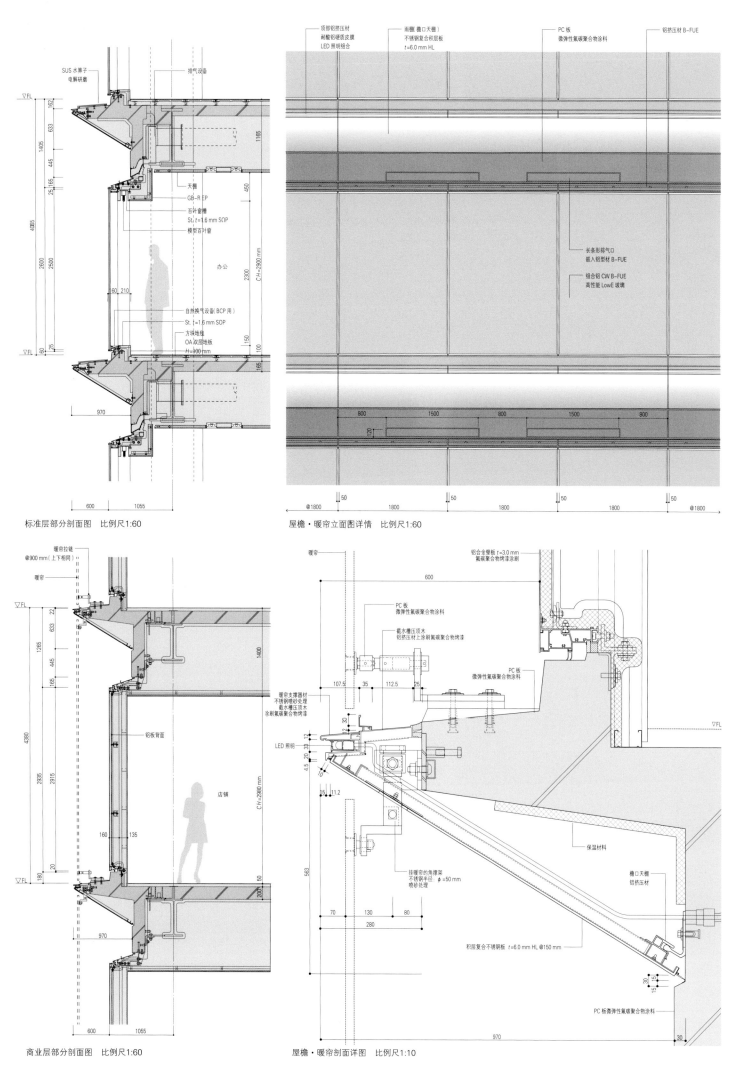

SUS 水篦子
电解研磨

排气设备

顶部铝挤压材
耐酸铝硬质皮膜
LED 照明组合

雨棚（檐口天棚）
不锈钢复合积层板
t=6.0 mm HL

PC 板
微弹性氟碳聚合物涂料

铝挤压材 B-FUE

天棚
GB-R EP
百叶窗槽
St. t=1.6 mm SOP
模型百叶窗

办公

长条形排气口
嵌入铝型材 B-FUE

组合铝 CW B-FUE
高性能 LowE 玻璃

自然换气设备（BCP 用）
St. t=1.6 mm SOP

方块地毯
OA 双层地板
H=100 mm

标准层部分剖面图　比例尺1:60

屋檐·暖帘立面图详情　比例尺1:60

暖帘拉链
@900 mm（上下相同）

暖帘

暖帘

铝合金壁板 t=3.0 mm
氟碳聚合物漆涂刷

PC 板
微弹性氟碳聚合物涂料

截水槽压顶木
铝挤压材上涂刷氟碳聚合物漆

PC 板
微弹性氟碳聚合物涂料

暖帘支撑器材
不锈钢喷砂处理
截水槽压顶木
涂刷氟碳聚合物漆

铝板背面

店铺

LED 照明

保温材料

檐口天棚
铝挤压材

挂暖帘的角撑架
不锈钢半径 φ=50 mm
喷砂处理

积层复合不锈钢板 t=6.0 mm HL @150 mm

PC 板微弹性氟碳聚合物涂料

商业层部分剖面图　比例尺1:60

屋檐·暖帘剖面详图　比例尺1:10

上下图："屋檐"近景。从幕墙向外延伸1000 mm的"屋檐"由积层复合不锈钢制成。"屋檐"反射出街道的风景，随着天气和时间的变化外观也不同

约4000 m²的空中庭园。中间为休息区，设有树林、水盘、草坪，外围是环游广场。为银座最大的空中庭园

6层露天阳台。面对中央大道，可边欣赏街景边用餐。阳台长约40 m

商场中央采用4层挑空式设计，公共区域的设计别具一格

占地东侧为拓宽的三原大道上方的"三原阳台"（水与绿的street park）。观光巴士乘降站设有观光导游处

日本最大能乐流派观世流在 GINZA SIX 地下3层开设"观世能乐堂"，原址在涩谷

设计：森大厦株式会社／RIA（PM）
　　　银座六丁目地区市街地再开发计划设计企业联营体
　　　（谷口建筑设计研究所，KAJIMA DESIGN）
　　　商场公共区域室内设计：CURIOSITY（基本设计·施工设计监理监修），KAJIMA DESIGN
　　　（施工设计监理）
施工：鹿岛建设
用地面积：9077.49 m²
建筑面积：8921.10 m²
使用面积：148 697.50 m²
层数：地下6层　地上13层　阁楼2层
结构：钢筋结构　部分为钢筋混凝土、钢结构
工期：2014年4月—2017年1月
摄影：日本新建筑社摄影部
（项目说明详见第168页）

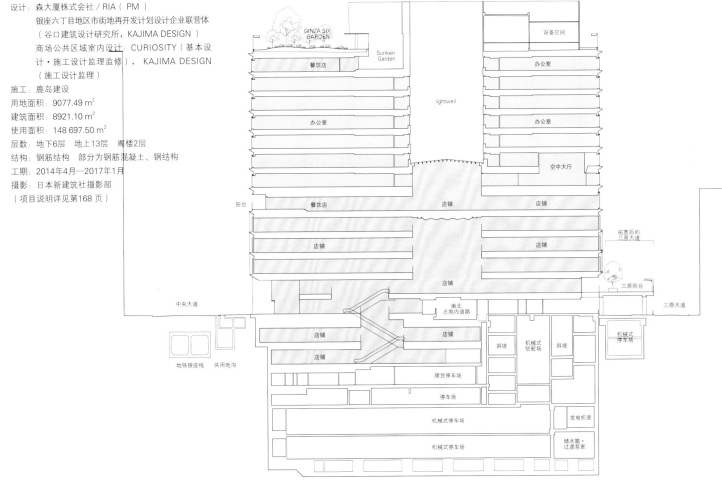

东西剖面图　比例尺1:800

办公层。中庭照明周围设有多个中心,外围为办公室。标准层办公室面积约6140 m²,顶棚高2900 mm

7层的办公室入口。两层高的挑空式设计的大厅
内部装饰由谷口建筑设计研究所设计

横跨两个街区

　　GINZA SIX横跨"松坂屋银座店"所在的银座六丁目10号和旁边的银座六丁目11号两个街区，为占地9080 m²的市街地再开发项目。

　　2011年12月都市计划决定启动，2017年1月以在再开发项目中罕见的速度竣工。通过充分借鉴六本木之丘和虎之门之丘的设计，和与相关人士充分的交流和商讨，才有了今天取代松坂屋独栋建筑的，银座最大规模的多功能建筑。两街区间原有的街道拆迁后移位到三原大道一侧。

　　新位置现在是银座有名的观光巴士乘降站，原有拆迁街道改建为人车分流式占地内通道，保留其交通机能。占地内通道的车道部分为半地下形式，2层与中央大道和三原大道相连，建设供行人走的"银座大道"，构建起安全高效的交通网。

打造国际性银座

　　银座大大提升了东京的影响力。旨在打造世界性的商业、办公、文化和观光的场所，银座地区有大规模（约47000 m²，241家店铺）的商业设施，拥有都内最大整层出租面积（标准层面积约6140 m²）的办公区和传递日本传统文化·交流的设施"观世能乐堂"等，是具备各项都市机能的复合型都会地区。

　　屋顶有银座地区最大的面积约4000 m²空中庭院，种有樱花和槭树等多种植被的森林区能使人感受到四季的变换，草坪区可举办各种活动，在休息区可以享受广场的情趣和水盘带来的舒适感。并且在外围设计了可以眺望银座街道的绿色回廊。建筑具有防灾救援功能，配有紧急发电设备和防灾储备仓库，使来此地的人们更加安心和舒适。

　　为了吸引全球游客，以GINZA SIX为首，银座将继续朝着"世界性的银座"这一目标不断前进。

（森大厦）

上：拓宽后的三原大道。设有观光巴士乘降站。上方为"三原阳台"
下：将拆迁的吾妻大道改建为人车分流的"占地内通道"

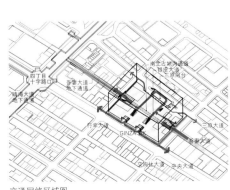

交通网络区域图

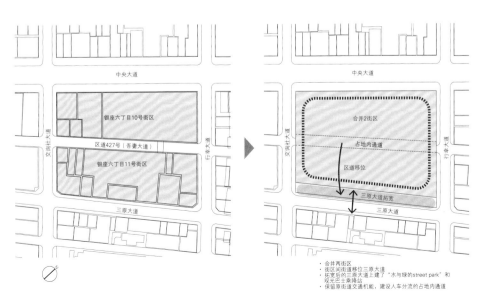

合并两个街区和道路移位示意图

· 合并两街区
· 街区间街道移位至三原大道
· 拓宽后的三原大道上建了"水与绿的street park"和观光巴士乘降站
· 保留原街道交通机能，建设人车分流的占地内通道

塞纳河音乐厅（项目详见第4页）

（项目详见第4页）

● 向导图登录新建筑在线
http://bit.ly/sk1706_map

所在地：法国 布洛涅–比扬古·赛金岛（巴黎郊外）
主要用途：复合音乐设施
建设方：委托方
CONSEIL DEPARTEMENTAL DESHAUTS·DE·SEINE（塞纳省）
委托方代理（今后约30年的事业主体）
TEMPO·ILE SEGUIN（由开发商 Bouygues Bâtiment IDF PPP，运营公司 STS EVENEMENTS，维护公司 SODEXO组成）

委托方 协助
法规·安全咨询公司：
SOCOTEC
消防顾问：
PCSI GROUPE ARTELIA
HQE（环境性能测评）顾问：
Transsolar
HQU（通用设计性能测评）顾问：
CRIDEV
生物多样性测评顾问：ELAN
设计
建筑 SHIGERU BAN ARCHITECTS EUROPE
设计比赛负责人：坂茂
Grégoire Defrance Nicolas Grosmond
Alessandro Boldrini Sara Lazzarin
Alexis de Dumast Mathieu Chapus
Veronica Arianna Julie Van
Huynegem Young Bin Moon
Laura Chavy Ammara Voravong
实施负责人：坂茂
Claude Hartmann 浅见和宏
Nicolas Grosmond
Alessandro Boldrini 丸山真史
Sara Lazzarin Amelie Fritzlar
Elisabeth Ankri Alexis de Dumast
Mathieu Chapus
Veronica Arianna Mariya Popova
Marc Ferrand Maria Cristina Giordani
Cioffi Julie Van Huynegem Young
Bin Moon
Hung Ton Simon Derlot
Jasmine Frossard Stéphane Bard–Uny
Mathias Friedman
JEAN DE GASTINES ARCHITECTES
负责人：Jean de Gastines
结构（土体结构）：SETEC TRAVAUX
PUBLICS ET INDUSTRIELS
负责人：Jean–Bernard Datry

Tancrede de Folleville
结构（木质结构）：SBLUMER ZT GmbH
负责人：Samuel Blumer
Hermann Blumer（理念设计）
设备：ARTELIA BATIMENT & INDUSTRIE
负责人：Matthieu Cougoulic
Antoine Dujon
舞台设计：DUCKS SCENO
负责人：Michel Cova Willy Pestel
Clémentine Lebret
正门及帆：
RFR SAS（至2015年末）
负责人：Niccolo Baldassini
Jean Lelay Pierre Alexis Galland
T/E/S/S ATELIER D'INGENIERIE（始于2016年初）
负责人：Bernard Vaudeville
Claudia Dieling Simon Aubry
景观：BASSINET TURQUIN PAYSAGE
负责人：Rémy Turquin
Grégoire Bassinet Jean Chevalier
音响（整体）：LAMOUREUX ACOUSTICS
负责人：Jean–Paul Lamoureux
Bruno Soudan
音响（大厅）：永田音响设计（NAGATA ACOUSTICS）
负责人：丰田泰久 Marc Quiquerez
建筑规格明细书制作顾问：
GEORGES VENTRE INGENIERIE
负责人：Maël Blaise
厨房·设计：
CONVERGENCE INGENIERIE
负责人：David Dousson
估价及建设·管理：
BOUYGUES BATIMENT ILE–DE–FRANCE Délégations et Partenariats Publics
负责人：Cyrille Gassian
Mathieu Charbaut
画报及标识设计：
日本设计中心
负责人：原研哉 川浪宽朗
Sebastian Fehr
LM COMMUNIQUER
负责人：Laurence Madrelle
Emmanuelle Chaminand
照明：8'18''
负责人：Georges Berne
Rémy Cimadevilla
Emmanuelle Sobic, Loris Tretout
外部结构整备规划（道路及城市基础设施）顾问：OTCI

负责人：Xavier Laverdure
水景设计：JML Consultant
负责人：Jean–Max Llorca
Stéphane Llorca Pierre Bertheux
监理：SHIGERU BAN ARCHITECTS EUROPE
负责人：坂茂
Nicolas Grosmond
Geoffroy Boucher
Alessandro Boldrini 丸山真史
Sara Lazzarin Amelie Fritzlar
Alexis de Dumast
Mathieu Chapus Patrick Allan
Marc Ferrand Veronica Arianna
Mariya Popova
Maria Cristina Giordani Cioffi
Charles Derilleux
JEAN DE GASTINES ARCHITECTES
负责人：Jean de Gastines

施工
建筑公司：Bouygues Bâtiment Ile–de–France
负责人：Daniel Lopes
Jacques Devaux Thibaut Vieillard
桩·基础：SOLETANCHE BACHY PIEUX
混凝土：BOUYGUES BATIMENT ILE DE FRANCE Bureau d'études Structure – BEST（结构设计实施协助）
SECC（结构设计实施协助）
BOUYGUES BATIMENT ILE DE FRANCE Ouvrages Publics（预制件以外的施工） PIGEON PREFA（塞纳广场阶梯座位预制件）
STRUCTURE PRE–FABRICATION SERVICES – SPS（音乐堂阶梯座席混凝土预制件） A2C Alves
CEBAT2000 FEHR
GERB KP1 LA CELTIQUE TP LG
BETON SAMPIERI SENDIN
VSL France
钢架：ETI – Charpente métallique（结构设计实施协助） HORTA COSLADA
CONSTRUCCIONES METALICAS（主要部分施工） CONSTRUCTIONS
METALLIQUES AUER（屋顶庭园部分施工） BAUDIN CHATEAUNEUF（PV板帆） CMD8（音乐堂屋顶）
INCIDE（音乐堂屋顶）
木质结构：HESS TIMBER GmbH & Co. KG
金属屋顶：ACIEROID（音乐学校）
坡屋顶：BL INDUSTRIES – BLI
正面·玻璃：ACIEROID（主要部分）
MARCHEGAY TECHNOLOGIES（音

乐堂正门） MINEUR BECOURT SYSTEMES（水平折叠门，玻璃卷帘门，停车场等外部大型门类） BOON
EDAM FRANCE（旋转门）
TORMAX（自动门） COMTRA AB SAFETY
正门：ACIEROID（音乐学校）
外部遮光：OFB
LED屏幕：DYNAMIC PLV
防水：AMC ILE DE France
EXP. J EQUIPEMENT TECHNIQUE INDUSTRIE CONSTRUCTION – ETIC
钢架阶梯：GMCM（大厅内）
EQUIPEMENT MAINTENANCE INDUSTRIE – EMI
内部装饰：FRAPONT（音乐堂内部整体，"壮丽的塞纳河"舞台地板装饰，音乐学校·大彩排厅地板装饰）PIM（"壮丽的塞纳河"内部整体，音乐学校·大彩排厅地板装饰整体）
金属·玻璃：GMCM（金属扶手，外部所有金属） BLI（玻璃扶手） ATELIERS BOULLET（防火玻璃隔板） EMI（音乐厅内隔音玻璃，"壮丽的塞纳河"内部扶手）
IAC BOET STOPSON TSJ
SOUCHIER CLOISON EXPRESS
EM2C（外部金属） OPEMAT（外部金属） FRANCAISE DU VERRE（瀑布部分的玻璃等）
门窗隔扇：FAKHIR MENUISERIE GESOP
地板装饰：PRIMA（大厅装饰水泥及水磨石） CONCEPT RESINE（大厅以外的装饰水泥） MATOS（灰浆底层，EXP.J） GAMMA INDUSTRIES（双层地板） LSR（瓷砖） MI FA SOL
DECO（弹性地板） SMP
BATIMENT（"壮丽的塞纳河"内部）
LOPEZ PIGUEIRAS（其他音乐厅）
装饰壁：ANTUNES SAS（音乐堂·大厅球体壁＋马赛克瓷砖施工）
SIRC STRUCTURE（音乐堂·大厅球体骨架） ALMA BAT（干式墙壁）
RIM CONSTRUCTIONS（干式墙壁）
SGPI ENTREPRISE（干式墙壁）
ALGAFLEX（可移动间隔墙）
IBERMODUL（厕所隔间） NDMX（其他音乐厅）
顶棚装饰：DIVIMINHO France（整体）
SOCIETE D'EXPLOITATION ET DE RECHERCHE DE TECHNIQUES AVANCEES POUR LA

三张照片提供
©Didier Boy de la Tour

上3图：太阳能电池板随着太阳方向转动，实现高效发电，也可为后方玻璃大厅遮光

CONSTRUCTION – SERTAC（吸音石膏板Mono Acoustic） STENGER PLATRES ET STAFF（音乐堂成型石膏板）
涂装：WK BÂTIMENT（整体及内部混凝土·透明涂装） CONTREAT（外部混凝土·透明涂装） ENTIB（挑空石棉·防火涂装）SAGA PLUS PJ RENOVATION
音乐厅座席：CONCEPT D（音乐堂） NOWY STYL FR
音乐厅可移动座席：NOWY STYL FR
舞台设备：AMG FECHOZ（整体） AZUR SCENIC（银幕） EMI（跳舞吧）
升降设备：KONE FAIN ASCENSEURS France
厨房设备：L'INDUSTRIELLE DU FROID ET DE CUISSON
设备设计实施协助：ER3C
空调：CEGELEC Tertiaire IdF Grands Projets
卫生：SAGA TERTIAIRE
电器：BOUYGUES ENERGIES & SERVICE TCE SOLAR SAS（PV护墙板）
防灾·紧急设备：AIRESS ADV ALTARES DELTA DORE EMS ISOTECH
舞台照明·音响设备：VIDELIO IEC
外部：SOCIETE AUXILIAIRE DE TRAVAUX PUBLICS（铺装，地下管道）

ENVERT（屋顶庭园）
SNV MARITIME（屋顶庭园）
SEGEX ENERGIES（水面）
标识：BOSCHER SIGNALETIQUE ET IMAGE
HQU设备：E.O. GUIDAGE

规模
用地面积：23 000 m²
建筑面积：16 000 m²
使用面积：36 500 m²
层数：地下1层 地上9层

尺寸
最高高度：35 000 mm

用地条件
道路宽度：南8 m 北8 m～12 m
停车辆数：65辆

结构
主体结构：钢筋混凝体结构及钢架结构 部分木结构
桩·基础：混凝土桩 板式基础

设备
环境技术
太阳能发电设备，高度音环境性能，生物多样测评，雨水利用
HQE "exceptionnel"（获得法国环境性能测评制度最高次序标签）
HQU（全球设计性能评价制度中获此标签）
空调设备：
空调方式：空气调节装置全空气调节方式 分区域单元空调方式
热源：地区冷暖气（冷水·温水）
电力设备
预备电源：紧急自发电设备
防灾设备
防火：屋内消防栓设备 自动洒水灭火设备 连接供水设备
排烟：自然排烟 机械排烟
升降机：11台

工期
设计比赛期间：2012年1月～2013年2月（共3个阶段）
设计期间：2013年6月～2014年7月
施工期间：2014年3月～2017年1月

工程费用
总工费：170 000 000欧元

利用向导
大休息室等开放的公共空间
开馆时间：11：00～19：00
闭馆时间：设施内部：星期天 星期一
屋顶庭园：星期一 星期二
包含元旦·5/1·12/25·夏休7/20-8/17在内，共计5周
门票：公共空间·屋顶庭园免费
电话：+33（0）174345354

坂茂（BAN·SHIGERU）

1957年出生于东京都/1977年～1980年就读于南加利福尼亚建筑大学（SCI-ARC 洛杉矶）/1980年～1982年就读于库柏组合建筑学部（纽约）/1982年～1983年就职于矶崎新工作室/1985年成立坂茂建筑设计/1995年成立NGO VAN(建筑师志愿者机构)/1995年～1999年担任联合国难民署高级专员事务所（UNHCR）顾问/2001年～2008年担任庆应义塾大学环境信息学部教授/2001年至今，担任京都造型艺术大学教授/2014年获得普利兹克建筑奖/2015年至今，担任庆应义塾大学环境信息学部特别客座教授

Jean de Gastines

1957年出生于摩洛哥卡萨布兰卡/1975年～1978年就读于巴黎大学索邦神学院，专攻经济·历史/1984年于国立美术高等学校伯兹鲁获得"建筑士"称号/1980年就职于法兰克·O·加里事务所/1982年～1983年就职于SCAU Aymeric Zublena Architects/1985年成立Agence de Jean de Gastines/1999年与坂茂建立合作伙伴关系

惠比寿SA大厦（项目详见第18页）

（项目详见第18页）

● 向导图登录新建筑在线
http://bit.ly/sk1706_map

所在地: 东京都涩谷区惠比寿西 1-20-5
主要用途: 教会 住宅 办公室
所有人: 宗教法人 救世军

设计
建筑: CAt
负责人: 小岛一浩 赤松佳珠子 滨田充*
兼濑梓* 小野加爱（*原职员）
结构: Oku构造设计
负责人: 足立彻郎*
须藤崇* 新谷真人
机械设备: 知久设备计划研究所
负责人: 川村政治
电力设备: EOSplus
负责人: 远藤和弘 杉山容子
家具: 藤森泰司工作室
负责人: 藤森泰司 石桥亚纪
照明: 冈安泉照明设计事务所
负责人: 冈安泉 杉尾笃*（*原职员）
纺织品: 安东阳子设计
负责人: 安东阳子 山口霞
音响顾问:
负责人: 上野佳奈子
监理: 建筑 CAt

负责人: 小岛一浩 赤松佳珠子
有井淳生* 小野加爱（*原职员）
结构: Oku构造设计
负责人: 川田知典 新谷真人
机械设备: 知久设备计划研究所
负责人: 川村政治
电力设备: EOSplus
负责人: 远藤和弘 杉山容子

施工
建筑: 藤木工程事务所
负责人: 岸本幸太郎 谷本晋一
佐藤一哉 竹原凉平
空调・卫生: 东京DAIYA空调
负责人: 仓渕浩 高山修司
电力: 丸电工业
负责人: 市川康之 内藤广一

规模
用地面积: 295.74 m²
建筑面积: 256.52 m²
使用面积: 1950.90 m²
1层: 236.74 m² 2层: 210.45 m²
3层: 60.46 m² 4层: 146.23 m²
5层~9层: 228.22 m² 10层: 155.92 m²
建蔽率: 86.74%（容许值: 100%）
容积率: 598.41%（容许值: 600%）
层数: 地上10层

尺寸
最高高度: 40.253 m
层高: 1层 4555 mm 2层 4180 mm
3层 3790 mm 4层 5720 mm
5层~10层: 3300 mm
顶棚高度: 玄关 3250 mm
多功能大厅: 3265 mm
礼堂: 6350 mm
外租办公区: （5层~6层）3155 mm
（7层~10层）3170 mm

用地条件
地域地区: 商业地域
道路宽度: 南30 m 北4 m
停车辆数: 2辆

结构
主体结构: 钢架结构
桩・基础: 桩基础

设备
空调设备
空调方式: 空冷热泵大楼用复数空调
热源: 电力
换气: 全热交换型空调换气扇
卫生设备
供水: 增压泵方式
热水: 电热水器（供水室）
排水: 公共下水道排污

电力设备
供电方式: 高压供电方式
设备容量: 200 kVA
防灾设备
防火: 灭火器 连接送水管设备
排烟: 自然排烟
其他: 自动火灾报警设备 紧急照明 指示灯
升降机: 乘用电梯×2台
工期
设计期间: 2014年9月~2015年3月
施工期间: 2015年11月~2017年2月
工程费用
建筑: 563 800 000日元
空调: 35 400 000日元
卫生: 37 300 000日元
电力: 60 400 000日元
总工费: 827 000 000日元
主要使用器械
照明: DAIKO 森山产业 山田照明 松下
卫生器具: TOTO
空调机器: DAIKIN

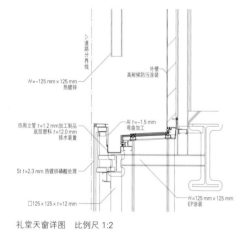

礼堂天窗详图 比例尺 1:2

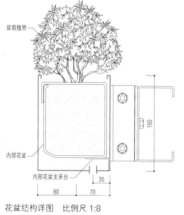

花盆结构详图 比例尺 1:8

小岛一浩（KOJIMA・KAZUHIRO/右）
1958年出生于大阪府/1984年修完东京大学研究生院硕士课程/于同研究生院博士课程在读时期成立SHIIRAKA-NNSU（之后改为C+A，2005年改为CAt）/东京理科大学教授，2011年任横滨国立大学研究生院Y-GSA教授/2016年10月13日去世

赤松佳珠子（AKAMATSU・KAZUKO/左）
出生于东京都/1990年毕业于日本女子大学家政学部居住学科，同年加入SIIIRAKA-NNSU/2002年成为C+A合伙人/2005年改为CAt/现为CAt合伙人，法政大学教授，神户艺术工科大学外聘教师

露台与公园仅隔一条马路

多功能大厅。大厅与驹泽大街相连，折叠门全部开放。开口部挂有窗帘

所示图片提供：日本新建筑社摄影部

南方熊楠纪念馆新馆（项目详见第28页）

● 向导图登录新建筑在线
http://bit.ly/sk1706_map

所在地：和歌山县西牟娄郡白浜町3601-1
（番所山）
主要用途：博物馆
所有人：公益财团法人 南方熊楠纪念馆
设计————
建筑·监理：CAt
  负责人：小鸠一浩 赤松佳珠子
  高桥好和 梶苿直贵
结构：OAK结构设计事务所
  负责人：佐尾敦宏 足立彻郎
  川田知典 新谷真人
机械设备：科学应用冷暖研究所
  负责人：高间三郎
电力设备：EOS PLUS
  负责人：远藤和弘 杉山容子
家具：TAIJI-FUJIMORI
  负责人：藤森泰司 高崎辽
照明：冈安泉照明设计事务所
  负责人：冈安泉 杉尾笃
签名：高山
  负责人：山野英之 关田浩平
纺织品：YOKOANDODESIGN

  负责人：安东阳子 山口KASUMI
※展示设计（SPFORUM），不包括旧馆抗震
  改建设计所用建材
施工————
建筑：东宝建设
  负责人：山本明弘 堀猛
空调·卫生：DAIICHITECH
  负责人：堂前拓也
电气：DAIICHITECH
  负责人：前田育男
规模————
用地面积：8580.16 m²
建筑面积：374.98 m²
使用面积：555.48 m²
1层：175.09 m² 2层：365.79 m²
阁楼：14.60 m²
建蔽率：7.26%（容许值：20%）
容积率：12.30%（容许值：40%）
层数：地上2层 阁楼1层
尺寸————
最高高度：9800 mm
房檐高度：8700 mm
层高：1层 4480 mm 2层 4590 mm
顶棚高度：玄关 3580 mm
  展览室：3400 mm
用地条件————

地域地区：第1类低层居住专用区 吉野熊野
  国立公园 第2类特殊用途区 第1类
  风景名胜区 住宅建造等地域规划
  区 日本《建筑基本法》第22条指定
  地区
道路宽度：东4 m
停车辆数：17辆
结构————
主体结构：钢架钢筋混凝土结构 部分为钢架
  结构
桩·基础：桩基础 直接基础
设备————
空调设备
空调方式：恒温恒湿管理 多联式空调系统
热源：电力
卫生设备
供水：储水槽方式
热水：电热水器
电力设备
受电方式：高压受电方式
设备容量：150 kVA
额定电力：105 kVA
防灾设备
防火：灭火器
排烟：自然排烟
其他：自动火灾报警设备 紧急用照明指示标

  识
升降梯：专用电梯×1台
工期————
设计期间：2014年9月～2015年3月
施工期间：2015年12月～2016年10月
外部装饰————
屋顶：三洋工业
外壁：CREATIVE LIFE
开口部：DEVICE YKK
内部装饰————
入口处
地板：SCARA
墙壁：CREATIVE LIFE
展览室
地板：DAIKEN
主要使用器械————
卫生器具：TOTO
空调器械：DAIKIN
净化槽：FUJICLEAN
利用向导————
开馆时间：9:00～17:00
闭馆时间：星期四
费用：成人500日元 非成人300日元
电话：0739-42-2872

● 左侧为人物简介

家具由藤森泰司设计

2层展览室。结构壁柱也用于展示

CISTERNERNE PAVILION "THE WATER"（项目详见第38页）

● 向导图登录新建筑在线
http://bit.ly/sk1706_map

所在地：丹麦，腓特烈斯贝
主要用途：展览会
所有人：腓特烈斯贝博物馆（CISTERNERNE）
设计————
建筑：三分一博志
  ALEX HUMMEL LEE联合合作（EU）
  负责人：松田裕介 池内健
  香村翼 隅田佳秀 池谷达也
监理：三分一博志
  ALEX HUMMEL LEE联合合作（EU）
  负责人：香村翼
施工————
建筑：山川力稔 新川茂雄 宫田俊博（FULL-
  STAGE） 富井义博（TOMIY） 增本

  宏信（RINKEN） 横田洸坪（横田建
  兴） 广濑启行（WOODY）
  改田秀人（舞台装艺舍HUSH）
尺寸————
最高高度：3125 mm
房檐高度：2640 mm
主要跨度：2000 mm×2000 mm
结构————
主体结构：木质结构（杉木）
工期————
设计期间：2015年10月～2016年12月
施工期间：2017年2月～3月
利用向导————
会议期间：2017年3月21日～2018年2月2日
开馆时间：11:00
※开放时间因季节原因会稍有变动
http://www.cisternerne.dk/en/what-s-on/
exhibition/current.html

闭馆时间：星期日
费用：成人60 DKK（丹麦克朗）
电话：+ 45-3073-8082

■Danish Architecture Center
Hiroshi Sambuichi - Moving Materials
风（KAZE），水（MIZU），太阳（TAIYO）
会议期间：2017年4月28日～6月25日
http://www.dac.dk/

三分一博志（SANBUICHI·HIROSI）
1968年出生于广岛县/毕业
于东京理科大学理工学部建
筑系/成立三分一博志建筑
设计事务所

Alex Hummel Lee
1978年出生于哥本哈根/
2004年毕业于丹麦皇家艺
术学院建筑系/2004年成立
LUNDGAARD & TRANBERG
设计事务所/2006年就职于
三分一博志建筑设计事务所/2008 年修完丹麦
皇家艺术学院研究生课程/
2011年成为三分一
博志建筑设计事务所合伙人/2012年成立
ATELIER A LEE设计事务所

直岛港"云状"码头 （项目详见第48页）

● 向导图登录新建筑在线：
http://bit.ly/sk1706_map

所在地：香川县香川郡直岛町字高田浦
主要用途：休息室　自行车停放处　公共卫生间
所有人：直岛町
设计
建筑：**妹岛和世＋西泽立卫／SANAA**
　负责人：妹岛和世　西泽立卫　山本力矢
　　李惠利　降矢宜幸
结构：ARUP
　负责人：金田充弘　笹谷真通　后藤一真
监理：妹岛和世＋西泽立卫／SANAA
　负责人：妹岛和世　西泽立卫　山本力矢

李惠利
施工
建筑：大山建筑工作室　负责人：大山贵史
木工：shelter　负责人：大泉亮辅
规模
用地面积：323.08 m²
建筑面积：101.66 m²
使用面积：101.66 m²
建蔽率：31.47%
容积率：31.47%
层数：地上1层
尺寸
最高高度：7960 mm
房檐高度：7955 mm

顶棚高度：休息室：2130 mm
　　　　　公共卫生间：2130 mm
主要跨度：1900 mm×1900 mm
用地条件
地域地区：城市规划外区域
结构
主体结构：休息室、自行车停放处：木质结构
　　　　　公共卫生间：混凝土砌块结构
桩·基础：带状地基
工期
设计期间：2015年1月～2016年1月
施工期间：2016年2月 - 2016年10月

妹岛和世（SEJIMA·KAZUYO）

1956年出生于茨城县/1979年毕业于日本女子大学家政学院居住专业/1981年毕业于日本女子大学研究生院，获硕士学位/1981年就职于伊东丰雄建筑设计事务所/1987年创立妹岛和世建筑设计事务所/1995年与西泽立卫共同创立SANAA

西泽立卫（NISIZAWA·RYUE）

1966年出生于东京都/1988年毕业于横滨国立大学工学院建筑专业/1990年毕业于横滨国立大学研究生院，获硕士学位/1990年就职于妹岛和世建筑设计事务所/1995年与妹岛和世共同创立SANAA/1997年创立西泽立卫建筑设计事务所/现任横滨国立大学研究生院教授

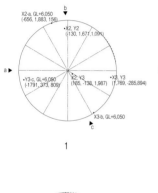

1

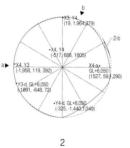

2

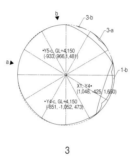

3

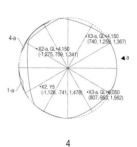

4

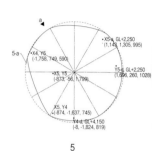

5

6

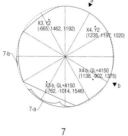

7

8

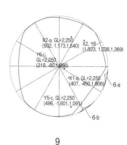

9

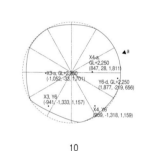

10

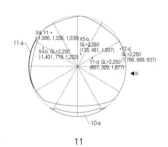

11

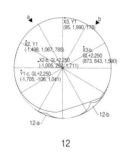

12

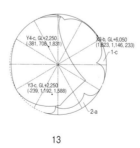

13

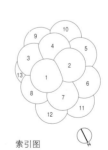

索引图

加工图　比例尺 1:150
图为拼接各个半球的加工图，基本每个球体都由FRP组成，若球体尺寸稍大于半球，空缺的部分可用其他多出的材料进行补充，用FRP拼接可充分利用材料。

运至港口的FRP半球被分割成大小不同的各个部分，图为用起重机吊送各个部分

用木质框架暂时固定各个半球，搭建出整体样貌，连接部分用FRP重叠覆盖

"球"（项目详见第54页）

● 向导图登录新建筑在线：
http://bit.ly/sk1706_map

所在地：石川县金泽市广坂1-2-1
主要用途：休息区
所有人：金泽市

设计

建筑·监理：妹岛和世+西泽立卫/SANAA
　负责人：妹岛和世　西泽立卫　棚濑纯孝
　　　　　降矢宜幸
结构：ARUP
　负责人：金田充弘　笹谷真通　后藤一真
监修负责：金泽市土木局修建科

施工

建筑：竹中土木工务店
　负责人：笹岛裕一　蒲田康介　北佳子
模型制造：北海道制造所
　负责人：金铜笃史　南川贵宏　大塚直树
　　　　　石井雅合

规模

用地面积：26 016.68 m²
建筑面积：26.38 m²

使用面积：26.38 m²
建蔽率：35.18%（容许值：80%）
容积率：31.47%（容许值：300% 400%）
层数：地上1层

尺寸

最高高度：3694 mm

用地条件

地域地区：商业地区

结构

主体结构：不锈钢
桩·基础：天然地基

工期

设计期间：2014年2月~2015年2月
施工期间：2015年6月~2016年11月

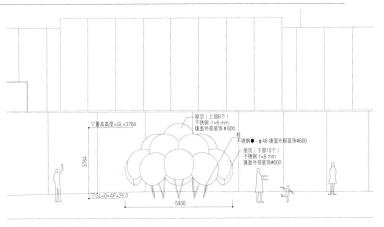

立面图　比例尺1:200

在工厂内（位于大阪府岸和田市）进行临时组架。每一个半球都是由五张不锈钢板进行弯曲加工、焊接、抛光而成的。图中工厂正在为球面做最后的外部抛光处理

屋顶被分成七个部分运往场地，再用起重机固定在钢筋钻模上。位置固定完毕后，对各部分进行焊接和外部抛光处理

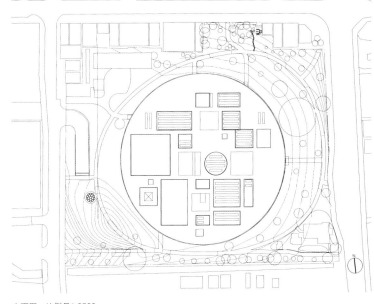

立面图　比例尺1:2500

KITAYON（项目详见第66页）

● 向导图登录新建筑在线：
http://bit.ly/sk1706_map

所在地：东京都杉并区西荻北4-4-1 KITAYON
主要用途：店铺　事务所　集合住宅
所有人：日吉坂事务所

设计

建筑·监理：日吉坂事务所
　负责人：宝神尚史　太田温子
结构：坂田凉太郎结构设计事务所
　负责人：坂田凉太郎　吉田麻衣子*
　　　　　（*原职员）

施工

建筑：青　负责人：片冈大　樋口高誉
钢制门窗：special source
黄铜门把手：金属零件

规模

用地面积：93.92 m²
建筑面积：74.94 m²
使用面积：188.04 m²
1层：74.75 m²　2层：63.02 m²
3层：50.27 m²
建蔽率：79.79%（容许值：80%）
容积率：200.21%（容许值：300%）
层数：地上3层

尺寸

最高高度：9930 mm

房檐高度：9730 mm
层高：1层：3950 mm　2层：2850 mm
　　　3层：2725 mm
顶棚高度：101·102：3550 mm
　　　　　201：画室 2830 mm
　　　　　202：画室 2680 mm
　　　　　301：画室 2530 mm

用地条件

地域地区：临近商业地区　防火区域　第2种
　　　　　规定高度地区
道路宽度：7.13 m

结构

主体结构：钢筋骨架结构
桩·基础：直接基础

设备

空调设备

空调方式：空调热源电机

卫生设备

供水：供水系统直接供给热水　瓦斯供给热水
　　　方式
排水：公共污水合流方式

电力设备

供电方式：架空引入线方式

防灾设备

防火：消防器材
其他：自动火灾报警设备　指示灯设备

工期

设计期间：2015年4月~2016年4月

施工期间：2016年6月~2017年3月

外部装饰

屋顶：武井工业
外壁：NOZAWA
开口部位：special source　YKK AP

内部装饰

101：店铺　102：店铺
地面：ABC
　　　TOLI
墙壁：兴亚不燃工业　AEP
201：画室
地面：ABC
201：住所
地面：IOC 名古屋马赛克
墙壁：AEP　LUNON
天花板：AEP
202：画室
地面：ABC TOLI
墙壁：兴亚不燃工业　AEP
天花板：兴亚不燃工业
301：画室
墙壁：兴亚不燃工业　AEP
天花板：AEP
301：住所
地面：IOC
墙壁：AEP 名古屋马赛克　LUNON
天花板：AEP
其他：

柱·梁：JAPAN INSULATION CO.LTD.　AEP
主要使用器械
卫生器材：LIXIL TOTO　SANWA COMPANY
　　　　　LTD.
照明器材：DAIKO　IKEA　其他

宝神尚史（HOJIN·HISASI）

1975年出生于神奈川县/
1997年毕业于明治大学理工
学院建筑专业/1999年毕业
于明治大学研究生院建筑专
业，获硕士学位/1999年~
2005年就职于青木淳建筑策划事务所/2005年
创立日吉坂事务所/现任京都造型艺术大学、
明星大学、共立女子大学、工学院大学、日本
女子大学外聘教师

太田温子（OOTA·ATUKO）

1982年出生于静冈县/2006
年毕业于武藏工业大学
（现东京都市大学）工学院
建筑专业/2008年毕业于武
藏工业大学研究生院建筑专
业，获硕士学位/2008年~2010年就职于住宅
建设公司/现就职于日吉坂事务所

佐谷艺术画廊（项目详见第58页）

●向导图登录新建筑在线：
http://bit.ly/sk1706_map

所在地：东京都港区六本木6-5-24
complex665 2F
主要用途：商店
所有人：ShugoArts

设计
建筑：**青木淳建筑策划事务所**
负责人：青木淳 贝沼泉 竹内吉彦
设备：森村设计 负责人：吉田崇
照明：冈安泉照明设计事务所
负责人：冈安泉 杉尾笃*（*原职员）
监理：青木淳建筑策划事务所

负责人：青木淳 竹内吉彦

施工
建筑：石川广一郎一级建筑师事务所
负责人：石川广一郎

规模
使用面积：129.25 m²
层数：地上3层（位于2层）

结构
主体结构：钢架结构

工期
设计时间：2015年7月~2016年5月
施工时间：2016年8月~9月

利用向导
开馆时间：11：00~19：00
闭馆时间：星期日、星期一、节假日

青木淳（AOKI·JUN）
1956年出生于神奈川县/1980年毕业于东京大学工程学建筑系/1982年获得东京大学硕士学位/1983年~1990年就职于矶崎新建筑事务所/1991年创立青木淳建筑策划事务所

竹内吉彦（TAKEUCHI·YOSHIHIKO）
1987出生于爱知县/2010年毕业于东京理科大学理工学院建筑系/2013年获得东京艺术大学硕士学位/2014年起就职于青木淳建筑策划事务所

小山登美夫画廊（项目详见62页）

●向导图登录新建筑在线
http://bit.ly/sk1706_map

所在地：东京都港区六本木6-5-24
Complex665 2F
主要用途：画廊
所有人：小山登美夫画廊

设计、监管
MTKA（村加藤）建筑事务所
负责人：村山彻 加藤亚矢子

施工
建筑：石丸
负责人：卢泽主水 谷口司郎 北山健治
空调：森大厦
电力：大岛电工

规模
建筑面积：158.51 m²
层数：3层（画廊位于第2层）

尺寸
顶棚高度：画廊A：3000 mm~3700 mm

画廊B：2700 mm
画廊C：3200 mm~3700 mm

工期
设计期间：2015年8月~2016年7月
施工期间：2016年8月~9月

内部装饰
画廊A
墙壁：爱克建材公司
画廊B
地面：水野制陶园公司
墙壁：NOSUTAMO公司
阅览室
地面：ARTERIOR有限公司

主要使用器械
照明工具：DN照明 YAMAGIWA有限公司

利用向导
开馆时间：11:00~19:00
闭馆时间：星期日、星期一和节假日
电话：03-6434-7225

村山彻（MURAYAMA·TOORU）
1978年出生于大阪府/2004年毕业于神户艺术工科大学，获得硕士学位/2004年12月就职青木淳建筑策划事务所/2010年合作创办MTKA（村加藤）建筑事务所/现任关东学院大学研究助手

加藤亚矢子（KATO·AYAKO）
1977年出生于神奈川县/2004年在大阪市立大学研究生院修完博士前期课程，2004年~2008年在山本理显设计工厂任职，2010年与他人合作创办MTKA（村加藤）建筑事务所/2014年~2015年担任东京大学特邀研究员/现任大阪市立大学外聘教师

complex665（项目详见65页）

●向导图登录新建筑在线
http://bit.ly/sk1706_map

所在地：东京都港区六本木6-5-24
主要用途：销售商品的店铺
所有人：森大厦

设计、监修
森大厦
建筑负责人：田尾健二朗 井户隆
小川佳介
结构负责人：冈部和正
设备负责人：清宫拓磨
电力负责人：成愿洋平
监管负责人：林义智

设计
JFE Civil株式会社
建筑负责人：中村正隆
结构负责人：矢上修平
设备负责人：佐藤宣通 幡野敦信
监管负责人：中村正隆

施工
JFE Civil株式会社
建筑负责人：铃木洋三 细贝浩二
山路瞭太
设备负责人：平野元士郎

规模
用地面积：645.51 m²

建筑面积：371.27 m²
使用面积：943.27 m²
1层：357.81 m² 2层：364.77 m²
3层：220.69 m²
建蔽率：57.52%（容许值：70%）
容积率：140.56%（容许值：160%）
层数：地上3层

尺寸
最高高度：13360 mm（从地面测量的平均值）
房檐高度：12916 mm（从地面测量的平均值）
层高：1层：3800 mm 2/3层：4450 mm
顶棚高度：1层出租屋：2600 mm
2/3层：3500 mm

用地条件
地域地区：第2种居住专用区域 防火区域
第3种高度区域
道路宽度：东4.0 m 南4.0 m
停车辆数：1辆

结构
主体结构：钢筋结构
桩·地基：板式基础

设备
空调设备
空调方式：气冷式大厦专用空调
卫生设备
供水：自来水管直接供水方式
热水：电热水器

排水：自然排出
电力设备
供电方式：3φ3W 6.6kV 高压供电
防灾设施
灭火：灭火器
排烟：自然排烟
升降梯：人货两用电梯（限乘：30人）×1台

工期
设计期间：2015年6月~2016年2月
施工期间：2016年2月~9月

利用向导
开馆时间：11:00~19:00
※营业时间会有无提前通知就变更的情况
闭馆时间：星期日、星期一和节假日
费用：免费

中村正隆（NAKAMURA·MASATAKA）
1969年出生于神奈川县/1991年毕业于设计研究所，专业为起居室设计，专攻住宅设计中的室内陈设/现就职于JFE Civil株式会社，担任设计部提案组组长

THE BLEND INN / THE BLEND STUDIO （项目详见第74页）

● 向导图登录新建筑在线：
http://bit.ly/sk1706_map

所在地：大阪市此花区梅香1-24-21
主要用途：简易住宿（THE BLEND INN）
　　　　　主营服务业店铺的附带设施（THE
　　　　　BLEND STUDIO）
所有人：政冈土地　由苑

■ THE BLEND INN
设计
建筑・监理：Tato Architects/岛田阳建筑设计
　　　事务所
负责人：岛田阳　佐藤申彦
结构：满田卫资结构策划研究所
　　　负责人：满田卫资　海野敬亮
设备：山崎设备设计
　　　负责人：山崎纯悟　鹿野大贵　岩井惠
照明：NEW LIGHT POTTERY
　　　负责人：永富裕幸　奈良千寿
窗帘：fabricscape
　　　负责人：山本纪代彦　永吉佑吏子
音响：sonihouse
　　　负责人：鹤林万平　长谷川安娜
标识：庄野祐辅
庭院布置：植物事务所 COCA-Z
　　　负责人：古锻治达也

施工
建筑：Techno Trust　负责人：中村佳央空
空调・卫生：Tougen　负责人：蚬卓男
电力：中川电机设备　负责人：松尾润
铁架：Matsuda　负责人：松田圭司
　　　中冈铁工　负责人：中冈祥嘉
内部装饰：high.t.m　负责人：藤井政秀
家具：Kyouwateku　负责人：冈本雅史
金属：桥爪工作所　负责人：桥爪操一
油漆加工：东端制作所　负责人：东端唯
防灾设备：松下电器ES防灾体系
　　　负责人：春田祐毅

规模
用地面积：188.83 m²
建筑面积：119.47 m²
使用面积：298.44 m²
1层：100.02 m²　2层：90.20 m²
3层：108.22 m²
建蔽率：63.26%（容许值：100%）
容积率：150.04%（容许值：400%）
层数：地上3层

尺寸
最高高度：9400 mm

房檐高度：9000 mm
顶棚高度：客房：3000 mm
主要跨度：3200 mm × 3200 mm

用地条件
地域地区：商业地区　防火地区
道路宽度：北21.66 m

结构
主体结构：钢筋混凝土结构
桩・基础：格床基础

设备
空调设备
空调方式：空调
热源：电力
卫生设备
供水：自来水管直接供水方式
热水：瓦斯热水供给器
排水：污水合流方式
电力设备
供电方式：低压供电
合约电力：50 kVA
防灾设备
防火：自动火灾报警设备
其他：紧急照明　指示照明　避难梯
其他：基础蓄热式地暖（CHIRYU-HEATER
　　　Corporation）

工期
设计期间：2013年6月~2016年3月
施工期间：2016年4月~2017年3月

主要使用器械
卫生器具：TOTO：NEOREST AH02W
换气扇（Shade）Confalle：CON3L-602

■ THE BLEND STUDIO
设计
建筑・监理：Dot Architects
负责人：家成俊胜　赤代武志
协助：今荣亮太建筑设计事务所
结构（建议）：满田卫资结构策划研究所
　　　负责人：满田卫资　海野敬亮
庭院布置：植物事务所 COCA-Z
　　　负责人：古锻治达也

施工
建筑：Dot Architects
负责人：赤代武志　土井亘　寿田英史
基础：Techno Trust　负责人：中村佳央空
电力：中川电机设备　负责人：松尾润

规模
用地面积：30.15 m²
建筑面积：14.12 m²
使用面积：21.58 m²
1层：11.64 m²　2层：9.94 m²

建蔽率：46.84%（容许值：80%）
容积率：71.58%（容许值：200%）
层数：地上2层

尺寸
最高高度：4600 mm
房檐高度：4300 mm
层高：工作室：2139 mm/Kids Space：
　　　2150 mm
顶棚高度：工作室：2100 mm/Kids Space：
　　　2111 mm
主要跨度：2730 mm × 910 mm

用地条件
地域地区：商业地区　防火地区
道路宽度：南8.0 m

结构
主体结构：木质结构
桩・基础：格床基础

设备
空调设备
空调方式：空调
热源：电力
电力设备
供电方式：低压供电
防灾设备
其他：家用烟雾感知器

工期
设计期间：2015年12月~2016年4月
施工期间：2016年12月~2017年5月

工程费用
建筑：2 480 000日元（自主施工）
基础：1 020 000日元（转包工程）
电力：500 000日元（转包工程）
总工费：4 000 000日元

利用向导
电话：070-1745-1250（THE BLEND INN /
　　　THE BLEND STUDIO共用）

岛田阳（SHIMADA・YOU）
1972年出生于兵库县/1997
年于京都市立艺术大学研究
生毕业，随后创立Tato
Architects/成立岛田阳建筑
设计事务所/神户大学、神
户艺术工科大学、广岛工业大学、大阪市立大
学等特聘教师，京都造型艺术大学客座教授

Dot Architects

由家成俊胜和赤代武志创立
的建筑师联盟。位于大阪・
北加贺屋。活动地点为
Corpor北加贺屋——为实现
另一种社会的合作工作室，
任何领域的人或组织均能加入。不论是否专业
均可加入设计、施工环节，实现共同合作。现
在主要成员有6人，分别是家成俊胜、赤代武
志、土井亘、寺田英史、宫地敬子和池田蓝。

家成俊胜（IENARI・TOSHIKATSU）
1974年出生于日本兵库县/1998年毕业于关西
大学法学院法律系/2000年毕业于大阪工业技
术专科学校/2004年起联合经营Dot
Architects/现任京都造型艺术大学副教授，大
阪工业技术专科学校特聘教师

赤代武志（SYAKUSHIRO・TAKESHI）
1974年出生于日本兵库县/1997年毕业于神户
艺术工科大学艺术工学院环境设计系/1997
年~2002年就职于北村陆夫+ZOOM计划工作
室/2002年~2003年就职于宫本佳明建筑设计
事务所/2004年起联合经营Dot Architects/现
为大阪工业技术专科学校特聘教师，神户艺术
工科大学特聘教师

同一体系，不同方式

我们希望把曾用于"Umaki camp"的干栏
式的建筑形式用于2层建筑。THE BLEND
STUDIO与Umaki camp不同，2层是人们休
息和活动的场所，所以对建筑左右稳定性有
更高要求。本次设计使用加固材料，以柱子
组合做夹板等方式提高建筑的水平强度，不
同于原本中规中矩的建造方式。

（满田卫资）

左上：完成地基浇筑。基底墙高800 mm/左下：梁柱架设完毕。房梁选用240 mm × 55 mm
的洋松/右：1层安装加固材料，2层用高压锯屑水泥板加固，建设一个对城区开放的工作室

时间仓库 旧本庄商业银行砖瓦仓库（项目详见第84页）

● 向导图登录新建筑在线：
http://bit.ly/sk1706_map

所在地：埼玉县本庄市1-5-16
主要用途：展示场地
所有人：埼玉县本庄市

设计

建筑·监理：福岛加津也+富永祥子建筑设计
事务所
　负责人：福岛加津也　金田雄太
　　佐胁礼二郎
设计合作：早稻田大学　旧本庄商业银行砖瓦
　仓库保管·改建项目
结构：负责人：新谷真人　山田俊亮
设备：环境工程有限公司
　机械负责人：南井克夫
　电力负责人：成田赞久

施工

建筑：清水建设
　负责人：宫下丰　宫野前裕士
钢筋：鹤冈铁工厂　负责人：圆冈雅彦
　光和有限公司　负责人：石川裕喜
木匠：村田工务店　负责人：村田善则
屋顶：Tijima　负责人：饭岛一成
瓦匠：仁工业　负责人：渡边将平

门窗：高野木工所（TAKANO MOKKOU）
　负责人：高野刚
机械：第一设备工业　负责人：铃木邦彰
电力：共和电机　负责人：中原浩

规模

用地面积：1193.7 m²
建筑面积：402.29 m²
使用面积：711.33 m²
1层：397.79 m²　2层：313.54 m²
建蔽率：33.70%（容许值：80%）
容积率：59.59%（容许值：200%）
层数：地上2层

尺寸

最高高度：11 035 mm
房檐高度：8167 mm
层高：1层：4484 mm
顶棚高度：1层：4160 mm　2层：4365 mm
主要跨度：1层：7750 mm×11 184 mm
　　　　　2层：7750 mm×11 184 mm

用地条件

地域地区：邻近商业地区
道路宽度：北10 m
停车辆数：14辆

结构

主体结构：钢筋结构
桩·基础：地基支撑　天然地基

设备

环境配备技术
居住地空调减负荷

空调设备
空调类型：组合式空调
热源：电力

卫生设备
供水：自来水管直接供水方式
热水：局部供应
排水：下水管直接排放

电力设备
供电方式：低压弹力供给方式
设备容量：电灯37 kVA　动力31 kVA

防灾设备
防火：灭火器
排烟：自然排烟
升降机：乘用×1台

工期
调查期间：2012年4月～2013年3月
设计期间：2013年8月～2014年2月
施工期间：2015年4月～2017年2月

内部装饰
1层
地面：TAJTMA
2层
地面：TOLI Corporation

利用向导
营业时间：09:00～19:00
休息时间：12月29日～1月3日
电话：0495-71-668

福岛加津也（FUKUSHIMA·KATUYA）
1968年出生于神奈川县/1990年毕业于武藏工业大学工学部建筑系/1993年获得东京艺术大学研究生院美术研究专业硕士学位/1994年～2002年就职于伊东丰雄建筑设计事务所/2003年至今就职于福岛加津也+富永祥子建筑设计事务所/现任东京都市大学工学部建筑系教授

丰中市立文化艺术中心（项目详见第94页）

● 向导图登录新建筑在线
http://bit.ly/sk1706_map

所在地：丰中市曾根东町3-7-2
主要用途：集会场所（剧场、展览室、会议室、
　咖啡馆、停车场）
所有人：丰中市

设计

日建设计
　建筑负责人：江副敏史　多喜茂　萩森
　　薰　宫本顺平　中西加奈子
　结构负责人：田代靖彦　下西智也
　　小松慎二　米田谦司
　电力负责人：本多敦　伊藤昌明　小野
　　茂树（舞台照明　舞台音响）
　机械负责人：高山真　桥本直树　小坂
　　佳子　畑部诚一
　建筑音响负责人：中川浩一
监管：日建设计
　建筑负责人：菊田靖久　甲胜之　唐妻
　　博　下西智也
　设备负责人：川西浩二　石井彻　辻健二

施工

建筑：大林组·河崎组特定建设工程企业联营
　体　负责人：洼田欣弥
空调：高砂·屈部特定建设工程企业联营体
卫生：来间·ODA特定建设工程企业联营体
电力：日本电设·薮谷电力特定建设工程企业
　联营体
煤气：大阪煤气
舞台结构：三精科技
舞台照明：日本电设·薮谷电力特定建设工程
　企业联营体
舞台音响：YAMAHA SOUND SYSTEMS株式
　会社
绿植：山中造园顾问有限公司

规模

用地面积：16 660.11 m²
建筑面积：6624.67 m²

使用面积：13 425.30 m²
地下1层：5725.34 m²　地下室：203.80 m²
1层：4 231.67 m²　2层：1 595.67 m²
3层：1 633.80 m²　阁楼：35.02 m²
建蔽率：56.59%（容许值：63.81%）
容积率：98.09%（容许值：219.06%）
层数：地下1层、地上3层、阁楼1层

尺寸

最高高度：27 080 mm
房檐高度：大礼堂：26 280 mm
公共区域：6300 mm
层高：公共区域：3150 mm
顶棚高度：桩基·咖啡馆·开放休息室·大礼
　堂休息室：6000 mm　展览室·多功
　能房间·小礼堂休息室：4800 mm　美
　术馆画廊·长廊：2700 mm～2850 mm
主要跨度：2700 mm等间隔基准线，
　　540 mm×360 mm单位（RM块模数）

用地条件

地域地区：防火区域（商业街附近地区）
　第1种·第2种中高层居住专用区域
道路宽度：西18.0 m　南4.0 m
停车辆数：75辆

结构

主体结构：钢筋混凝土堆砌结构（RM造）
　部分钢筋混凝土结构、钢架钢筋混凝土
　结构、钢架结构
桩·基础：木桩

设备

环保技术
充分利用冷热管（90 m）和舞台上方的风洞
　进行自然换气
太阳能板：家用空调共用

空调设备
空调：单通风管　冷热调节　热泵空调（电·
　煤气）
热源：气体燃烧吸收式冷热水机　热泵空调
　（电·煤气）

卫生设备
供水：水源市的水资源加压供水

热水：中央式（乐屋沐浴等）　独立方式（热
　水器）
排水：合流方式

电力设备
供电方式：高压供电一次：3φ3 W/6600V
额定电力：590 Kw
设备容量：2350 kVA
预备电源：柴油式发电机400 kVA×1台

防灾设施
灭火：自动喷水系统
排烟：排烟窗　自然排出
其他：防火水槽　雨水积蓄槽
升降机：无障碍电梯×1台（小机房乘客电梯/
　限乘15人·1000 kg·60 m/min）
　无障碍电梯×2台（小机房乘客电梯/限
　乘26人·1750 kg·60 m/min）
特殊设备：舞台相关设备（大礼堂滑动型音响
　反射板/小礼堂升降式遮光板等）

工期
设计期间：2011年12月～2012年12月
施工期间：2013年9月～2016年8月

工程费用
建筑：5 635 258 000日元
空调：65 873 000日元
卫生：300 877 000日元
电力：794 555 000日元
绿植：46 800 000日元
总工费：7 436 273 000（除税/舞台设备除外）

外部装饰
屋顶：DYFLEX株式会社
外墙：太阳ecobloxx株式会社

内部装饰
开放休息室·咖啡馆·画廊·展览室·多功能
　房间·大小礼堂休息室·会议室
地板：昭和洋栈
墙壁：太阳ecobloxx株式会社
大礼堂·小礼堂
地板：昭和洋栈
墙壁：100%大阪产不燃材料

利用向导

开馆时间：9:00～20:00
闭馆时间：星期一（星期一是节假日时，第二
　天正常营业）
费用：免费（设施使用时，召开集会活动另行
　收费）
电话：06-6864-3901（丰中市立文化艺术中心）

江副敏史（EZOE·SATOSHI）
1957年出生于大阪府/1980年于京都大学工学院建筑学科毕业后，就职于日建设计公司/现就职于该公司设计部，此外，还在京都大学、京都工艺纤维大学担任特聘教师

多喜茂（TAKI·SHIGERU）
1966年出生于滋贺县/1989年毕业于金泽工业大学建筑学科/1991年在该大学研究生院毕业后，就职于日建设计公司/现为该公司设计部主管

萩森薰（HAGIMORI·KAORU）
1978年出生于东京都/2001年毕业于早稻田大学理工学院建筑学科/之后在早稻田大学理工学院建筑学科攻读研究生，2003年毕业后就职于日建设计公司

三秋会馆（项目详见第102页）

（项目详见第102页）

● 向导图登录新建筑在线
http://bit.ly/sk1706_map

所在地：爱媛县伊予市三秋1130-1
主要用途：多功能大厅、休息场所
所有人：共荣木材

设计
建筑·监理：手嶋保建筑事务所
　负责人：手嶋保　日野显一
结构：山田宪明结构设计事务所
　负责人：山田宪明　蒲池健

施工
建筑：西下健治　西下太一
木匠：大南建设　负责人：大南文雄　大野务
混凝土·金属：M·Y·T
　负责人：德永哲也
门窗：日野木工　负责人：谷本充彦
瓦匠：秦左官公司　负责人：秦龙一
长椅、凳子、桌子：TERAO CO.LTD
　负责人：寺尾幸记
电力：上冈电机　负责人：上冈吾郎

规模
用地面积：9603.35 m²
建筑面积：93.16 m²
使用面积：81.59 m²

层数：地上1层

尺寸
最高高度：3215 mm
房檐高度：2255 mm
顶棚、大厅高度：2140 mm ~ 2450 mm
主要跨度：2100 mm × 2100 mm

用地条件
地域地区：城市规划地区外
道路宽度：西12.65 m

结构
主体结构：木质结构
桩·基础：板式基础

设备
空调设备
空调：热泵空调
换气：第3种换气设备
电力设备
供电方式：现有设备分支电路

工期
设计期间：2014年4月 ~ 2016年3月
施工期间：2016年4月 ~ 10月

外部装饰
外壁（木材保护剂）：OSMO&EDEL
长廊（表面强化剂）：ABC商会
通道（表面强化剂）：ABC商会

内部装饰

地板（表面强化剂）：ABC商会
主要使用器械
吊灯：FLAME
烧火炉子：IRONDOG
照明：MODULAR LIGHTING-INSTRUMENTS
利用向导
联系人：共荣木材
电话：089-983-5733
邮箱：otoiawase@kyoei-lumber.co.jp

手嶋保（TESHIMA·TAMOTSU）
1963年出生于福冈县/1987年毕业于东和大学工学部建筑工学科/1990年 ~ 1997年就职于吉村顺三设计事务所/1998年成立手嶋保建筑事务所/现任昭和女子大学、关东学院大学外聘教师

竹田市立图书馆（项目详见第110页）

（项目详见第110页）

● 向导图登录新建筑在线：
http://bit.ly/sk1706_map

所在地：大分县竹田市大字竹田1979
主用用途：图书馆
所有人：竹田市

设计
建筑：盐冢隆生工作室
　负责人：盐冢隆生　古庄惠子
　　村本有佳理
结构：枞建筑事务所
　负责人：田尾玄秀
设备：SK设计
　负责人：柴田隆广　高桥美穗子
电灯：AES设计　负责人：石桥春明
环境：ARUP　负责人：荻原广高
防灾：安宅防灾设计　负责人：铃木贵良
家具：藤森泰司工作室
　负责人：藤森泰司　高崎辽
照明：冈安泉照明设计事务所
　负责人：冈安泉　杉尾笃
标识：高山
　负责人：山野英之　渡边龙也
纺织品：安东阳子设计
　负责人：安东阳子　山口Kasumi
景观建筑规划：Studio Terra
　负责人：石井秀幸　杉山芳里
监管：盐冢隆生工作室
　负责人：盐冢隆生　古庄惠子
竹田市建设课
　负责人：河野贵宪　竹下邦光

施工（制作）
建筑：菅组
　负责人：松尾真一　飞延毅彦　小仲美生
　　伊藤拓真　元兼孝德
空调·卫生：九设　负责人：深田尚吾
电灯：鬼塚电气工事　负责人：安东章秀
外观：内山绿地建设　负责人：日野仁洋

涂漆：前山道路　负责人：和田英作
土木：川野综合土木　负责人：宫崎圣
钢筋：木户铁工　负责人：太田博文
屋顶：一原产业　负责人：一原长
YATSUSHIRO TECHNO ROOF　负责人：八代秀则
复合窗框：NEUSTON　负责人：藤川淳二
钢门窗：别铁窗框工业　负责人：小野俊一
五金：TEITECH　负责人：工藤良治
南光　负责人：藤河大作
独立书架·家具制作：KAMINO
　负责人：西方贵宏　内田洋行
　负责人：前田义幸　志村制材
家具制造：岩贤住宅　负责人：冈村康宏
标识：UNIT　负责人：富田正信
ROMAN SHADE　安东阳子设计
　SilentGliss　负责人：轴丸和崇

规模
用地面积：2800.88 m²
建筑面积：1239.37 m²
使用面积：1577.62 m²
1层：1168.39 m²　2层：329.63 m²
阁楼：79.60 m²
建蔽率：44.24%（容许值：90%）
容积率：56.32%（容许值：400%）
层数：地上2层　阁楼1层

尺寸
最高高度：12710 mm
房檐高度：7800 mm
层高：1层办公室：3450 mm
　2层图书阅览室：3750 mm
顶棚高度：1层办公室：3245 mm
　2层图书阅览室：3450 mm
主要跨度：3050 mm × 7200 mm

用地条件
地域地区：商业地域　日本《建筑基准法》第22条指定地域　竹田市遗迹环境保护条例第2类保护地域

道路宽度：东5.0 m　西5.0 m　南6.9 m　北5.7 m
停车辆数：25辆

结构
主体结构：钢筋混凝土结构　钢筋结构　部分为钢架钢筋混凝土结构
桩·基础：地基改良桩

设备
环保技术
自然换气：自然采光　Low-E 玻璃　LED照明
空调设备
空调方式：气冷热泵柜式空调方式
热源：电力
换气设备：全热交换器·调湿空气处理机　吊扇·中央风扇
卫生设备
供水：自来水管直接供水方式
排水：合并处理净化槽
电力设备
供电方式：PF-S型方式
设备容量：电灯100 kVA　动力150 kVA
防灾设备
消防：灭火器
排烟：无排烟　一部分为自然排烟（根据避难安全验证）
升降机：升降式电梯（11人×1台）
特殊设备：小型货物专用升降式电梯

工期
设计期间：2014年12月 ~ 2016年3月
施工期间：2016年5月 ~ 2017年3月

工程费用
总工费：749 520 000日元（税前金额）

外部装饰
屋顶：日新制刚
外墙：SK Kaken
开孔处：NEUSTON　LIXIL
外观：日本兴业

内部装饰
图书阅览室

地板：ADVAN
2层图书阅览室·自习室
地板：TOLI
特记规格说明书：YABUKUGURI志村制材
主要器械
卫生器材：TOTO
照明设备：DAIKO　Luchi　DN 照明
集密书架：金刚
家具：Cummoc artek
　　CARL HANSEN&SUN　天童木工
利用向导
开馆时间：10：00 ~ 18：00
闭馆时间：星期一·每月第四个星期五
电话：0974-63-1048

盐冢隆生（SHIOTSUKA·TAKAO）
1965年出生于福冈县/1987年毕业于大分大学工程学院建筑系/1989年获得大分大学硕士学位/1994年成立盐冢隆生工作室/现任大分大学理工学院客座教授

草庵建筑 茶室（积翠亭）（项目详见第120页）

●向导图登录新建筑在线：
http://bit.ly/sk1706_map

所在地：京都府京都市东山区妙法院前侧町
445-3
主要用途：茶室及多功能沙龙
委托人：BERJAYA KYOTO DEVELOPMENT
设计
建筑·监管：山本良介工作室
　负责人：山本良介　芦田奈绪
结构·设备：山本良介工作室
　负责人：山本良介
施工
建筑：竹田工务店　负责人：竹田茂夫　竹田
　弘　国影光生　五嶋孝康
　工匠织田　负责人：织田宏次
空调：日本电机商会
卫生：大河设备工业
电力：日本电机商会
泥瓦匠：丸浩工业　负责人：内田直治
砖瓦：浅田制瓦工厂　负责人：大畠秀和
金属板材：田原钣金制作所　负责人：田原茂
门窗：北村建具　负责人：北村谦次
日本纸：丸二　负责人：石田富士男
造园：小鹰造园　负责人：小鹰照幸　浅利正之
金属装饰品·五金：竹彰堂　负责人：中村圭永
竹帘：久保田美帘堂　负责人：久保田满
主要照明设备：日吉屋　负责人：大岛大辅

家具制作：二叶家具　负责人：井尻浩行
规模
用地面积：20 433.55 m²
建筑面积：72.26 m²
使用面积：52.81 m²
1层：52.81 m²
层数：地上1层
尺寸
最高高度：4500 mm
房檐高度：2700 mm
顶棚高度：沙龙 3670 mm
茶室：2500 mm
主要跨度：沙龙 3360 mm×2880 mm
　　茶室 1920 mm×1920 mm
用地条件
地域地区：第2种居住地域　第1种中高层居
　住专用地域　自然风景区
结构
主体结构：木质结构
桩·基础：板式基础
设备
空调设备
空调方式：气冷式
卫生设备
热水：电热水器
电力设备
供电方式：低压供电方式
设备容量：200 kVA

基础电量：240 kVA（电力厂商换算）
防灾设备
防火：自动火灾报警设备
其他：ITV设备
工期
设计期间：2014年7月～2015年5月
施工期间：2015年6月～2016年6月
工程费用
建筑：78 660 000日元

空调·卫生·电力：15 340 000日元
造园：7 000 000日元
总工费：101 000 000日元
外部装饰
屋顶：日铁住金钢板
外墙：SK Kaken
内部装饰
大厅
地板：丸浩工业

沙龙内景。拉窗可以上下拉动

四季酒店·京都（项目详见第128页）

●向导图登录新建筑在线：
http://bit.ly/sk1706_map

所在地：京都府京都市东山区东大路通涩谷
　下妙法院前侧町445-3
主要用途：酒店
所有人：京都东山Hospitality　资产特定目的
　公司
设计·监管
久米设计
设计：建筑负责人：樱井伸　井上宏　石渡慎
　　一　源明怜　富冈由贵　织部晴崇
　　结构负责人：依田博基　奥野亲正　秋
　　田信行
　　机械设备负责人：伊藤学　田中美穗
　　电气设备负责人：小玉敦
　　估算负责人：中野壮训
　　PM负责人：臼田有吾
　　监管负责人：村松康则　渡边保男　闻
　　间至　宫本洋二　石塚宏行
基本构想协助：GDC
南楼·北楼入口停车门廊设计·监管：光井纯
　& Associate建筑设计事务所　负责
　人：光井纯　入江茂树　山内俊之　门
　间正彦
南楼·北楼入口停车门廊结构
　ARUP负责人：竹内笃史　富冈良太
施工
建筑：大成建设
　负责人：田村典正　中原洁人　盐田岳夫
内部装饰：J.FRONT建装　综合设计：丹青社
　Takashimaya Space Create Co.,Ltd
外部结构：西武造园
停车门廊·守卫所施工：和晃建装

规模
用地面积：20 433.55 m²
建筑面积：7999.32 m²
使用面积：34 632.55 m²
建蔽率：39.15%（容许值：40%）
容积率：152.02%（容许值：287%）
层数：地下3层　地上4层
尺寸
最高高度：14 800 mm
房檐高度：11 930 mm
层高：3150 mm
顶棚高度：客房 2650 mm
主要跨度：4750 mm×9100 mm
用地条件
地域地区：第2种居住地域　第1种中高层居住
　专用地域
道路宽度：西14.49 m　南8.84 m
停车辆数：104辆
结构
主体结构：钢架钢筋混凝土结构　部分为钢筋
　混凝土结构
桩·基础：钢管桩
设备
空调设备
空调 FOH：全空气（空气调节装置）方式
　客房·BOH：外部空气处理空调机+风
　机—盘管空调机（W线圈）方式
热源：涡轮冷冻机　冷水蓄热槽　煤气冷水
　发生器　煤气管道4管式中央热源方式
卫生设备
供水：利用公共上水道　贮水槽+加压供水方
　式
热水：煤气管道+贮热水器循环供热水方式
排水：公共下水道放流　重力式·抽气式并用
电力设备

供电方式：普通高压2回线供电方式
变压器容量：5250 kVA
预备电源：柴油发电机 6600 V　1250 kVA
防灾设备
防火：自动洒水灭火设备　惰性气体灭火设备
　（发电机房等）　灭火器
排烟：机械排烟方式　部分自然排烟方式
　加压防排烟方式（避难楼梯附室）
其他：紧急照明设备　指示灯设备　紧急广播
　设备　自动火灾报警装置　避雷设备
升降机：乘用：1550 kg·60 m/min×2台
　1600 kg·60 m/min×4台　2000 kg·
　60 m/min×1台　人货两用：900 kg·
　60 m/min×1台　1800 kg·60 m/
　min×5台　2000 kg·60 m/min×1台
特殊设备：污衣井
工期
设计期间：2011年6月～2013年8月
施工期间：2013年9月～2016年6月

墙壁：丸浩工业

茶室

地板：浅田制瓦工厂

墙壁：丸浩工业

天花板：丸二

卫生间

墙壁：丸浩工业

SHIBUYA CAST. （项目详见第136页）

●向导图登录新建筑在线：
http://bit.ly/sk1706_map

所在地：东京都涩谷区涩谷1-23-21
主要用途：事务所 共同住宅 商店 集会场所
所有人：涩谷宫下町REAL-T inc.（东京急行
电铁大成建设 札幌不动产开发东急建设）

设计

建筑：日本设计

负责人：市丸贵裕 中野洋辅 圆木裕基 降
幡谕 善野浩一

结构：日本设计·大成建设一级建筑师事务所
企业联营体

负责人：新田隆雄 小林治男 樱井佑
美 须田AYUMI（大成建设一级建筑
师事务所） 山下淳一（日本设计）

设备：日本设计

负责人：添野正幸 大谷文彦（电器设
备） 北原知治 永田修三 宫崎惠子
（机器设备）

外部结构：日本设计

负责人：山崎畅久 新川求美 佐藤英
一郎

监管：日本设计

负责人：安部贞行 上野宏树 田中一
男 红林均 永山仁

外装技术顾问：

负责人：马场宏 狗饲正敏

设计监修

设计监修：日本设计

设计方向：一部分商品企划·设计规则·铸造
春苗项目 负责人：田中阳明
Tone & Matter 负责人：广濑郁

设计规则-CMF：

FEEL GOOD CREATION

负责人：玉井美由纪

建筑主体景观：

noiz architects

负责人：丰田启介

大野友资通道部分 广场地面*：

TORAFU ARCHITECTS RORAFU 建筑设计事
务所 负责人：秃真哉

Collaboration Center（co-lab）：

POINT 负责人：长冈勉 加藤直树
施工 TANK 负责人：柴田祐希

creactive house：

成濑·猪熊建筑设计事务所

负责人：成濑友梨 猪熊纯 本多美里

第1层广场空间：

Rhizomatiks

负责人：有国惠介

设计监修：

宫泽一彦建筑设计事务所 负责人：宫
泽一彦

标识设计：

日本设计中心色部设计研究室 负责
人：色部义昭

施工

建筑：大成·东急建设企业联营体

负责人：守屋雅和 森启祐 上田大辅空调·
卫生·电力 大成·东急建设企业联营
体

负责人：古庄靖孝 川濑由宏 品川贵久

规模

用地面积：5020.09 m²

建筑面积：2553.00 m²

使用面积：34 980.94 m²

地下2层：3050.55 m² 地下1层：2631.91 m²

第1层：2115.72 m² 第2层：1941.97 m²

阁楼：62.33 m²

标准层：1910.53 m²

建蔽率：50.85%（容许值：78.29%）

容积率：578.78%（容许值：580.50%）

层数：地下2层 地上16层 阁楼2层

尺寸

最高高度：70.79 m

房檐高度：66.96 m

层高：商店：4550 mm 办公室：4100 mm

顶棚高度：商店：3000 mm

办公室：2800 mm

主要跨度：7200 mm×14 400 mm

用地条件

地域地区：商业地域 第2种居住地域

防火地区：涩谷停车场整备地区

道路宽度：东8 m 西12 m 北4 m

停车辆数：79辆

结构

主体结构：钢筋结构（部分为CFT柱）

桩·基础：钢管桩

设备

环保技术

PAL数值：低于43.5%（旧PAL值）

空调设备

空调方式：独立空调

热源：电力

卫生设备

供水：水泵供水

热水：单独供水

排水：污水合流方式

电力设备

供电方式：6.6 kV预备电线预备电源 地下铺设

设备容量：8525 kVA

基础电量：1800 kW

预备电源：紧急用发电机 1 000kVA

防火设备

防火：全馆自动洒水灭火设备 连接输水管惰
性气体灭火装置

排烟：自然排烟 机械排烟 推挤排烟

其他：自动火灾报警装置 指示灯设备 紧急
照明设备 紧急广播设备

升降机：事务所：乘用EV（20人）×6台
（其中一台兼紧急时使用）

住宅：乘用EV（SHUTTLE 13人）×2台

乘用EV（LOCAL 11人/13人）×各1台

共用部：乘用EV（11人/13人）×各1台

理货用EV（16人）×1台

紧急用EV（31人）×1台

工期

设计期间：2012年6月~2015年3月

施工期间：2015年3月~2017年4月

外部装饰

外壁：高桥幕墙工业 日本涂料

开口部位：不二窗框 旭硝子

外观：日本兴业

内部装饰

SHIBUYA CAST. SPACE

地面：东京工营 竹村兴业

办公室入口

地面：平田瓷砖

墙壁：Aica Kogyo Company
KEYTEC

天花板：Aica Kogyo Company，Limited：
altyno

co-lab SHIBUYA CAST.

地面：AB商会 东京工营

墙壁：吉野石膏

天花板：兴亚不燃板工业

事务所专有部

地面：Sangetsu Co., Ltd.

墙壁：吉野石膏

天花板：松下

基础公用（住宅共用室）

地面：东京工营

北广场施工前景象

调和各部分的原材料板"不统一的和谐"

山本良介（YAMAMOTO·RYOSUKE）

1942年出生于京都府/1960年毕业于京都市立伏见工业高中/1961年~1971年任职双星社竹腰建筑事务所/1966年~1970年任职丹下建三+日本万国博览会基干配置设计室/1971年~1978年任职冈本太郎+现代艺术研究所/1979年成立山本良介工作室

樱井伸（SAKURAI·SHIN）

1965年出生于东京都/1990年毕业于日本大学理工学部建筑专业/1993年修完美国康奈尔大学研究生院硕士课程，同年任职久米设计/现任久米设计开发经营总部都市开发战略部统筹部长

井上宏（INOUE·HIROSHI）

1968年出生于神奈川县/1991年毕业于武藏工业大学，同年任职久米设计/现任久米设计设计总部建筑设计部副部长

石渡慎一（ISHIWATA·SINICHI）

1976年出生于神奈川县/2002年获得东京大学工科建筑学专业硕士学位，同年任职久米设计/现任设计总部建筑设计部首席调查主任

市丸贵裕（ITIMARU·TAKAHIRO）

1971年出生于爱知县/1994年毕业于九州艺术工科大学艺术工学部环境设计专业/1996年修完九州艺术工科大学艺术工学部博士课程前期生活环境专业学业，同年就职日本设计/现任日本设计建筑设计群主任建筑设计师

中野洋辅（NAKANO·YOUSUKE）

1981年出生于大阪府/2005年毕业于京都工艺纤维大学造型工学专业/2007年取得京都工艺纤维大学硕士学位，同年就职日本设计/现任日本设计建筑设计群主管

圆木裕基（TUBURAGI·HIROKI）

1984年出生于神奈川县/2008年毕业于横滨国立大学工学部建筑专业/2010年修完横滨国立大学研究生建筑都市学校Y-GSA课程，同年就职日本设计/现任日本设计建筑设计群主任技师

GINZA SIX（项目详见第144页）

● 向导图登录新建筑在线：
http://bit.ly/sk1706_map

所在地：东京都中央区银座6-10-1
主要用途：商店　餐饮店　事务所　停车场
区域冷暖房设施　多功能大厅（能乐堂）
所有人：建筑设施：银座六丁目10地区都市用地再开发组合

项目设计经理
森大厦株式会社　PM负责人：阿部浩志　田尾健二郎　加藤拓郎　横田玲奈
CM负责人：萩野谷昭二　久保尚文
出井健太郎　久保寿泰　吉村正则
小林浩次　桥山昌和　铃木章浩
RIA　PM负责人：饭田直　冨田幸宏　松尾幸治

基本方案·基本设计
谷口建筑设计研究所
统筹：谷口吉生
负责人：永普琢夫　小川广次　中原日吉　小林正义　冈田周也　池田正之
织部晴崇　田中宏明　木藤美和子

施工·监理
设施整体：银座六丁目地区都市用地再开发项目设计企业联营体
KAJIMA DESIGN
统筹：坂本弘之
建筑整体负责人：新村喜幸　龟田英行
小平仁　岩崎庸浩　小川清则
今尾敏之　小则彻治　小池健
办公室负责人：丹羽大介　道越勇辅
袖山晓
多功能大厅（能乐堂）负责人：野岛秀仁　奢侈品商店
负责人：宫前行成　横山敬　松村治生
都市项目负责人：寺岛一浩　大西淳
结构负责人：黑川泰嗣　泷正哉
中村荣作　小田卫　本间诚
多功能大厅（能乐堂）　结构负责人：
铃木隆志
灯光设备负责人：广濑裕二　横山淳一
铃木顺一
机器设备负责人：泷村彻　太田和好
福田宏之　坂本健　佐藤拓
多功能大厅（能乐堂）设备
负责人：村川嘉彦　大桥清文　太田浩司　野口康仁
监理负责人：菅原贤治　北川千寻
长屋善雄　浅冈茂　松田义弘
大井英之　本间友规　村上和雄
山口博由　相川正　桥本洋

谷口建筑设计研究所
统筹：谷口吉生
负责人：冈田周也　木藤美和子
景观设计
PLACEMEDIA　负责人：宫城俊作
山根喜明　岸孝
照明设计（外部装饰·办公公用部分·屋顶等）
LIGHTING PLANNERS ASSOCIATES
负责人：面出薰　村冈桃子　木村光
本多由实
（内部：办公卫生间·EV大厅）
FORLIGHTS　负责人：稻叶裕
商场公共区域室内设计：CURIOSITY
负责人：GWENAEL NICOLAS
大内田政隆　田中拓志
商业室内装修设计合作：
ILYA　负责人：土屋胜久
指示牌设计：
设施共用部·办公层指示牌
ILYA　负责人：铃木一成
井原理安设计事务所
负责人：井原由朋

商业层指示牌：J.FRONT建装
负责人：铃木新之介
防灾计划：明野设备研究所
负责人：岸本文一　吉田祐树　齐藤美玖
交通计划：交通综合研究所
负责人：玉置善生　横须贺达博
后藤伸二郎　荒田光

施工
建筑：鹿岛建设　东京建筑分店
负责人：金丸康男　田中宜裕　小吹教雄　山本政昭　矢岛英明
空调：高砂热学工业株式会社　负责人：岩村文敬
东洋热工业株式会社 负责人：西泽彻
卫生：齐久工业株式会社　负责人：吉良雅公
电力：KINDEN　负责人：野泽俊之
DAI-DAN　负责人：屋久俊一
电梯：FUJITEC　负责人：中里久雄
负责人：仙波一郎
机械式停车场：JFE Engineering
负责人：名田宪司

规模
用地面积：9077.49 m²
建筑面积：8921.10 m²
使用面积：148 697.50 m²
地下1层：7875.33 m²
1层：8229.92 m²　2层：6786.75 m²
3层：8051.76 m²
办公标准层：7843.69 m²
建蔽率：98.27%（容许值：100%）
容积率：1341.63%（容许值：1360%）
层数：地下6层　地上13层　阁楼2层

尺寸
最高高度：66 000 mm
房檐高度：55 665 mm
商业层高：卖场：4380 mm
办公层高：办公室：4085 mm
商业顶棚高度：卖场：2980 mm
办公顶棚高度：办公室：2900 mm
主要跨度：10 800 mm × 10 800 mm

用地条件
地域地区：商业地域　防火地域　都市再开发特别地域　机能更新型高度利用地区
都市核心区停车场整备地区
道路宽度：东14.55 m　西14.55 m
南20.76 m　北27.00 m
停车辆数：515辆

结构
主体结构：钢结构（柱CFT结构）
桩·基础：天然地基（箱式基础）

设备
环境保护技术
BEMS　LED照明（调光）　中水利用（厨房排水·雨水）　太阳光发电设备
CASBEE：BEE值3.3
空调设备
空调方式：商业：室外空调机 + Fan Coil Unit
办公室：Air Handling Unit + multi package
热源：区域冷暖房（冷水·温水）
卫生设备
供水：低楼层：储水箱 + 加压供水方式
高楼层：高位水箱方式
热水：分别供给
排水：污水合流方式（厨房排水分流）

电气设备
供电方式：Spot Network
设备容量：4000 kVA × 3 台
额定电力：10000 kW（暂定）
预备电源：双燃料式4000 kVA +3000 kVA
防灾设备
防灾：自动火灾报警设备　紧急广播设备　紧急照明设备　指示灯设备　无线通信辅助设备
防火：室内消火栓设备　自动喷水灭火设备（闭式型·开式型·喷水型）　NF系统　输水连接管道
卤素灭火器设备　防火水槽
排烟：机械排烟（通风空调系统和机械加压送风系统兼用）
其他：雷电防护
升降机：乘用电梯×31台　货梯×3台　应急电梯×4台　自动扶梯×46台
特殊设备：门禁设备　ITV设备　机械式停车设备　污水处理设备　雨水处理设备
工期
设计期间：2012年4月～2014年3月
施工期间：2014年4月～2017年1月
主要使用器械
照明器具：商业：大光电机　ModuleX
办公：ModuleX　Panasonic
卫生器具：商业，办公：TOTO
多功能大厅：LIXIL
太阳能电池板：三菱电机
利用向导
网址：https://ginza6.tokyo/

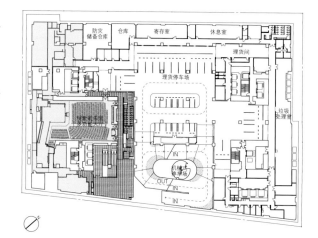

地下3层平面图　比例尺1:1500

屋顶庭院种有樱花和杜鹃花

在松坂屋百货店的屋顶上祭祀的靏护稻荷神社

小见山阳介（KOMIYAMA·YOSUKE）

1982年出生于群马县/2005年毕业于东京大学工学部建筑专业/2005年～2006年留学于慕尼黑工业大学/2007年修完东京大学研究生院硕士课程/2007年～2014年就职于Horden Cherry Lee Architects/2014年就职于M'ROAD环境造型研究所/2015年任前桥工业大学特聘教师，东京大学T_ADS Technical Assistant/现攻读东京大学大学院博士后期课程

安井升（YASUI·NOBORU）

1968年出生于京都市/1991年毕业于东京理科大学工学部建筑专业/1993年修完东京理科大学研究生院硕士课程/1993年～1998年就职于积水house/1999年成立樱设计集团一级建筑师事务所/2004年修完早稻田大学大学院博士课程/现为樱设计集团法人，早稻田大学理工研究所招聘研究员，NPOteam Timberize副理事长

益子义弘（MASUKO·YOSHIHIRO）
1964年毕业于东京艺术大学美术学部建筑专业/1966年修完东京艺术大学研究生院硕士课程/1966年任专职助手（吉村顺三研究室）/1973年就职于MIDI综合设计研究所/1976年创立和永田昌民M&N设计工作室/1984年任东京艺术大学美术学部副教授/1989年～2007年任东京艺术大学教授/2007年卸任，担任东京艺术大学名誉教授，领导益子画室

平田晃久（HIRATA·AKIHISA）

1971年出生于大阪府/1994年毕业于京都大学工学部建筑专业/1997年修完京都大学研究生院工学研究科硕士课程/1997年～2005年就职于伊东丰雄建筑设计事务所/2005年创立平田晃久建筑设计事务所/现为京都大学副教授

Christian Schittich
1956年生于德国/在慕尼黑工业大学学习建筑后，成为建筑师并从事建筑设计/1991年～1998年任《细节》杂志责任编辑/1998年～2006年任该杂志总编辑

石渡广一（ISHIWATARI·HIROKAZU）
1955年出生于东京都/1979年毕业于东京工业大学建筑专业/1981年修完该大学研究生院课程/1981年进入日本住宅公团（现UR都市机构）工作/2010年为UR都市机构总部住宅再生部部长/2012年为该机构东日本都市再生总部部长/2014年为该机构理事/2015年为该机构理事长代理/2016年为该机构副理事长

干久美子（INUI·KUMIKO）
1969年出生于大阪府/1992年毕业于东京艺术大学美术学部建筑专业/1996年毕业于耶鲁大学研究生院建筑学部/1996年～2000年就职于青木淳建筑策划事务所/2000年创立干久美子建筑设计事务所/2011年～2016年为东京艺术大学美术学部建筑科副教授/现为横滨国立大学大学院Y-GSA教授

浅子佳英（ASAKO·YOSHIHIDE）
1972年出生于兵库县/1995年毕业于大阪工业大学工学部建筑专业/2007年创立TAKABAN STUDIO/2009年～2012年就职于contectures（现Genron）/现任日本大学特聘教师

谷口吉生（TANIGUCHI·YOSHIO）

1937年出生于东京都/1960年毕业于庆应义塾大学工学部机械工学专业/1964年毕业于哈佛大学建筑专业（建筑学硕士）/1964年～1972年所属东京大学都市工学科丹下研究室及丹下健三·都市·建筑设计研究所/1979年至今任谷口建筑设计研究所所长

坂本弘之（SAKAMOTO·HIROYUKI）

1953年出生于东京都/1976年毕业于东京大学工学部建筑专业/1979年毕业于巴黎国立高等美术学院/1979年就职于鹿儿岛建设建筑公司·现任该公司建筑设计总部建筑设计统筹组专职经理

第三届中国景观设计大奖

LANDSCAPE DESIGN
AWARDS OF CHINA

※ 声明：本届大奖的最终解释权归《景观设计》杂志社所有

更多内容可以关注微信公众号

作为景观及城市规划设计领域极富影响力的国际性权威刊物——《景观设计》全力打造的第三届LD中国景观设计大奖拥有更强的专业性和影响力，我们将以敏锐的洞察力发现和挖掘中国杰出的景观设计人才及作品！大奖为景观设计行业的发展注入了新的活力，也为参赛者提供了一个广阔而具有权威性的发展平台。

景观设计 LANDSCAPE DESIGN

www.landscapedesign.net.cn

· 学生奖时间安排
报名及作品提交截止时间：2018年6月30日
决赛阶段：2018年7~10月

· 专业奖时间安排
评选阶段：2018年9~10月

· 颁奖典礼：2018年11月
※ 以上时间安排以主办方通知为准！

专业奖

主办方致力于打造一个具有影响力和专业性的设计大奖，推动行业的蓬勃发展，为有理想、有追求的新锐设计师搭建一个展示其才华及深刻见解的舞台；寻找具有前瞻性、创新性设计理念和独特设计风格的优秀设计作品。

评选方式

获奖作品将由大奖评委团提名产生；评选标准将由评委团根据奖项设置讨论产生。

奖项设置

最佳生态景观奖

作品直面当代中国的生态环境问题，提出积极的解决方案，将生态思想及技术、空间有机结合，并以现代美学的形式表现。

最佳人性景观奖

作品从人性关怀的角度出发，并特别鼓励那些关怀特殊群体的景观实践。

最佳社区景观奖

作品从居民生活的角度出发，关注居民对空间的日常使用，并具有生态上或艺术上的创新。

最佳乡建景观奖

作品对中国乡村空间再生具有创新性，具备景观视角，关注乡村生态，从美学上积极应对时代审美。

最佳艺术景观奖

作品从艺术的角度出发，富有想象力，将艺术表现力融入到空间中。

学生奖
导师选新锐

参赛对象：

国内外院校学习景观设计、风景园林、环境艺术、建筑设计、城市规划设计等相关专业的在校学生，均可报名参赛。

比赛形式

采用导师选新锐的方式，分两个阶段进行。

阶段一：海选

8 位导师进行初评，每位导师从所有作品中遴选出 2 位入围者作为自己战队的成员，参与总决赛。

阶段二：总决赛

入围选手与导师组队，共计 8 组战队，由导师给出命题进行设计。采用评审团打分 + 网络投票的形式，评选出最终奖项。

报名须知

1. 所提交的作品均为参赛者本人原创；

2. 如发现侵犯他人知识产权等情形，主办方将取消其参赛资格，并收回其所获奖项；另外，由此给主办方造成的损失全部由参赛者承担；

3. 主办单位将无偿使用参赛作品出版作品集，并在网站、微信公众号、微博或杂志上进行无偿展播与宣传，凡提交资料的视为同意展出；

4. 活动期间未经大奖主办方的许可，参赛者无权使用其参赛作品参加其他竞赛；

5. 报送资料一律不予退还，请参赛者自行备份。

参赛作品报送要求

1. 作品范围：园林、景观、规划类等设计作品；
2. 参赛作品需有题目，且标题字数需在 20 字以内；
3. 参赛作品由参赛者自行设计排版，具体要求如下：

排版形式	排版尺寸（宽 × 高）	分辨率	文件格式
竖向排版	90cm × 120cm	200dpi	JPG

4. 其他要求：

（1）每个参赛作品限 3～5 张排版文件（不是照片）；另外还需提交一份说明（Word 文档），内容包括：
设计题目 + 设计方案的总体概述（500 字左右，描述设计思路、设计特色等）+ 团队成员介绍（参赛者姓
名、学校及院系、专业、指导教师姓名，并附上学生证扫描件）。
将上述内容一并存在一个文件夹内，命名为"设计题目 + 参赛者姓名"；
（2）版面内必须包括：设计题目，设计说明，主要的平、立面和细部节点、效果图及手绘图；
（3）版面内不允许留有除作品名称之外的任何信息，否则立即取消参赛资格；
（4）参赛作品发送至 landscape@dutp.cn，邮件主题为"设计题目 + 参赛者姓名"。

奖项设置

高校新锐奖（1 组）

· 获得奖金：人民币 8000 元；
· 获奖者与导师均可获得由主办方颁发的奖杯及获奖证书；
· 获奖作品将刊登于《景观设计》杂志或其出版物上；
· 获奖者将有机会进入导师团队工作。

高校佳作奖（2 组）

· 每组奖金：人民币 2000 元；
· 获奖者和导师均可获得由主办方颁发的奖杯及获奖证书；
· 获奖作品将刊登于《景观设计》杂志或其出版物上；
· 获奖者将有机会进入导师团队工作。

高校入围奖（5 组）

· 获奖者与导师均可获得由主办方颁发的奖杯及获奖证书；
· 获奖作品将刊登于《景观设计》杂志或其出版物上；
· 获奖者将有机会进入导师团队工作。

最佳高校组织奖（若干）

· 由主办方颁发证书；
· 主办方将邀请 2 名获奖高校代表参加颁奖典礼。

2018 年度
景观贡献人物奖

参评条件

在实践、教育以及行业发展等领域做出突出贡献的人物。

评选方式

评选采用提名制的方式。

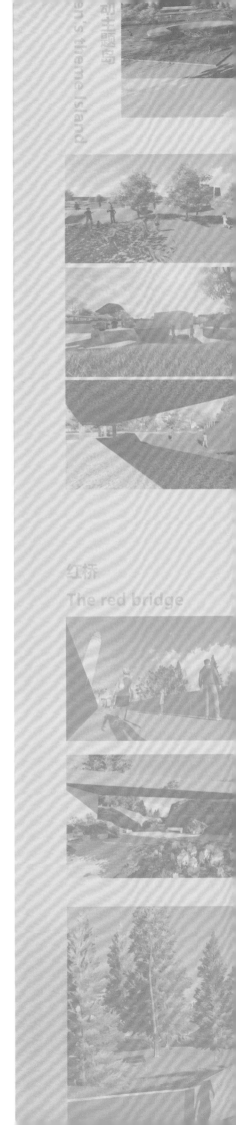

幻桥
The red bridge

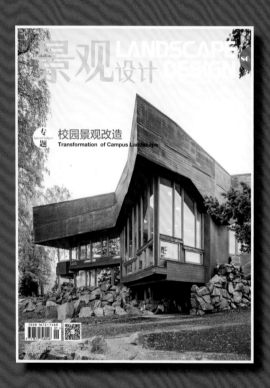

新建筑
株式會社新建築社，東京
简体中文版© 2017大连理工大学出版社
著作合同登记06-2017年第300号

图书在版编目(CIP)数据

建筑细节与空间表现 / 日本株式会社新建筑社编；
肖辉等译. — 大连：大连理工大学出版社, 2018.4
　（日本新建筑系列丛书）
　IISBN 978-7-5685-1393-7

　Ⅰ.①建⋯ Ⅱ.①日⋯ ②肖⋯ Ⅲ.①建筑设计—日
本—现代—图集 Ⅳ.①TU206

　中国版本图书馆CIP数据核字（2018）第059333号

出版发行：大连理工大学出版社
　　　　　（地址：大连市软件园路80号　邮编：116023）
印　　刷：深圳市福威智印刷有限公司
幅面尺寸：221mm×297mm
出版时间：2018年4月第1版
印刷时间：2018年4月第1次印刷
出 版 人：金英伟
统　　筹：苗慧珠
责任编辑：邱　丰
封面设计：洪　烘
责任校对：寇思雨

ISBN 978-7-5685-1393-7
定　　价：人民币98.00元

电　　话：0411-84708842
传　　真：0411-84701466
邮　　购：0411-84708943
E-mail：architect_japan@dutp.cn
URL：http://dutp.dlut.edu.cn

本书如有印装质量问题，请与我社发行部联系更换。